Wildes China

Wildes China

NATURWUNDER IM REICH DER MITTE

GILES BADGER, HANNAH BOOT, GEORGE CHAN, PHIL CHAPMAN,
KATHRYN JEFFS, GAVIN MAXWELL UND CHARLOTTE SCOTT

BRUCKMANN

Einleitung

»WIR MÜSSEN UNS DAMIT ABFINDEN, DASS DER BAIJI SO GUT WIE AUS-gestorben ist«, verkündet August Pfluger. Er hat im Jahr 2006 eine Expedition geleitet, die den Yangtse vergeblich nach dem seltenen Süßwasserdelfin absuchte. »Es ist eine Tragödie, der Verlust trifft nicht nur China, sondern die ganze Welt.«

Der Baiji stand lange stellvertretend für die vielen, vom Aussterben bedrohten Tiere Chinas. Vor 20 Millionen Jahren, so vermuten die Wissenschaftler, hat er sich als eigene Spezies im trüben Wasser des Yangtse entwickelt. In diesem schwebstoffreichen Gewässer orientierte sich der langschnauzige, hellhäutige Delfin fast ausschließlich über sein hochentwickeltes Gehör. Das wurde ihm wegen der steigenden Lärmbelastung durch die immer zahlreicheren und immer größeren Motorboote auf Chinas wichtigster Wasserstraße zunehmend unerträglich ge-macht. Darüber hinaus gerieten Baijis häufig in die Netze der Fischer oder in die Schiffsschrauben der Fracht- oder Touristen-boote. Die Überfischung entzog dem Delfin die Nahrungsgrund-lage, und die Industrieabwässer vergifteten seinen Lebensraum. Zudem versperrten ihm Dämme jede Möglichkeit zur Flucht. Auch wenn kürzlich noch einmal ein Exemplar gesichtet worden sein soll: Die Spezies des Baiji hat keine Chance – der Flussdelfin ist vielleicht das erste große Säugetier Chinas, das allein aufgrund menschlicher Einflüsse ausgestorben ist. Aber wird es das letzte sein?

OBEN
Eines der letzten Fotos eines Baijis, des einst im Yangtse lebenden, heute ausgestorbenen Süßwasserdelfins.

SEITEN 6/7
Die mächtigen Hengduan-Bergketten in Yunnan und Sichuan. Die hohen, schneebedeckten Berge und die tiefen Flusstäler haben ganze Pflanzen- und Tierpopulationen voneinander ge-trennt, sodass eine große Artenvielfalt entstehen konnte.

In China leben über 1,3 Milliarden Menschen, die Wirtschaft des Landes wächst so rasant wie nirgends sonst auf der Welt, ein Wachstum, das weitgehend auf Industrieproduktion und Landwirtschaft beruht. Als wir das Land für die BBC-Serie *Wildes China* bereisten, wunderten wir uns darüber, wie tiefgreifend und schnell sich die Städte entwickeln. Überall wird gebaut. Der erste Eindruck ist der einer Gesell-schaft, die ökonomisch vorankommen will, koste es, was es wolle, und einer Natur, die sich immer mehr auf dem Rückzug befindet. Doch es gibt auch ein anderes China.

Allgemeine Situation

Chinas Landfläche ist fast so groß wie die der USA, doch in weiten Teilen ist das Land noch immer sehr dünn besiedelt. Darunter befinden sich die unterschied-lichsten Lebensräume, von den höchsten Bergen der Welt bis zu den nördlichsten Wüstengebieten, von im Winter vereistem Meer bis zu tropischen Korallenriffs, vom feuchtheißen subtropischen Regenwald bis hin zu trockenen, felsigen Tälern, neben gemäßigt warmen Waldregionen, Bambusfeldern, Grassteppen, immergrünen Taiga-Wäldern, Tundra, geheimnisvollen Höhlen und aktiven Vulkanen.

Der Yangtse ist mit 6300 Kilometern der drittlängste Fluss der Welt; und der zweitlängste Fluss Chinas, der Gelbe Fluss, misst 5500 Kilometer. Sieben der 19 Berge, die über 7000 Meter hoch sind, befinden sich in China. Die Hochebene von Qinghai-Tibet ist die höchste der Welt; sie grenzt an den höchsten Berg der Welt, den Mount Everest. Der Canyon des Flusses Yarlung Tsangpo, die 5382 Meter tiefe Yarlung-Schlucht, ist vermutlich die größte und tiefste Schlucht der Welt – dreimal so tief wie der Grand Canyon.

Diese unglaublich vielfältigen Landschaften bergen eine überreiche Tier- und Pflanzenwelt. In China sind 534 Säugetierarten heimisch – ein Achtel aller Säugetierarten weltweit – und etwa 100 davon gibt es nur hier. Rund 1300 Vogelarten und mehr als 2200 Fischarten werden gezählt. Erstaunlich groß ist auch die Anzahl der höheren Pflanzenarten: 32 800 – ein Achtel aller Pflanzen der Welt – was Pflanzen angeht ist China nach Malaysia und Brasilien das drittreichste Land der Welt. Viele der schönsten Kulturpflanzen in den Gärten der gemäßigten Breiten kommen ursprünglich aus China, darunter Azaleen, Kamelien, Rhododendren, Forsythien, Clematis, Hartriegelgewächse und Polyanthus. Das Land ist ebenfalls überreich an Nahrungs- und Arzneipflanzen, darunter Pfirsiche, Orangen, Zitronen, Grapefruit, Walnüsse, Kastanien, Äpfel, Lychees, Reis, Gerste, Sojabohnen, Tee, Ingwer und Süßholz.

OBEN
Eine wilde Hortensie (Hydrangea) aus Yunnan. Viele unserer vertrauten Gartenpflanzen stammen ursprünglich aus China.

China ist eine Agrargesellschaft; in der Kunst, der Literatur und den Traditionen stand deshalb immer schon die Schönheit der Landschaft, der Tier- und Pflanzenwelt im Vordergrund. Die Chinesen sind stolz auf ihre natürlichen Reichtümer, und viele der bedeutenden Pflanzen und Tiere des Landes sind offiziell geschützt in Nationalparks und in Naturschutzgebieten. Doch der offizielle Schutz garantiert keine Sicherheit. In der Vergangenheit war der Naturschutz nur mit sehr geringen Finanzmitteln ausgestattet, der Schutz war nicht besonders effektiv. Viele der kleineren Reservate verfügen über zu wenig Personal. Die meisten Beschäftigten in den Reservaten haben außerdem keine Fachkenntnisse oder keine Erfahrung und sind schlecht gerüstet, um den gut organisierten Gruppen entgegenzutreten, die in den Schutzgebieten jagen, Bergbau betreiben oder Heilpflanzen sammeln. Wilderei ist besonders weit verbreitet, da es in China Tradition ist, die heimische Tier- und Pflanzenwelt als Nahrungsquelle und für Heilzwecke auszubeuten.

Naturverständnis

Die Traditionelle Chinesische Medizin (TCM) verfolgt einen ganzheitlichen Ansatz, bei dem pflanzliche, tierische und mineralische Stoffe verwendet werden, darunter Tigerknochen, Rhinozeroshörner oder der Gallensaft von Bären. Viele Spezies stehen zwar durch nationale und internationale Gesetze unter Naturschutz, doch der illegale Handel und die Wilderei haben längst ein kritisches Niveau erreicht. Das hängt vor allem damit zusammen, dass immer mehr Menschen die Städte bevölkern, dort zu einem gewissen Wohlstand gekommen sind und sich nun solche exotischen und teuren Mittel leisten können. Die Provinz Guangxi allein unterstützt eine Zuchtanstalt für Tiger, in der etwa 1000 der Großkatzen gehalten werden – nur für die Produktion von Wein aus Tigerknochen.

»Wir essen alles, was vier Beine oder Flügel hat, es sei denn, es ist ein Tisch oder ein Flugzeug«, so lautet ein südchinesisches Sprichwort. In vielen Gegenden wird in den Käfigen vor den Restaurants eine unglaubliche Vielfalt an Tieren zur Schau gestellt. Solch »wilder« Nahrung geben viele Chinesen herkömmlichen landwirtschaftlichen Produkten gegenüber den Vorzug – sie soll die Gesundheit fördern, die Manneskraft stärken und für ein intaktes Immunsystem sorgen. Bei offiziellen Einladungen, die bei vielen geschäftlichen Transaktionen üblich sind, gilt es als Zeichen der besonderen Wertschätzung der Gäste, wenn man als krönenden Hauptgang das Fleisch sehr ungewöhnlicher, seltener und deshalb sehr teurer Tiere serviert.

Etwa 50 Arten von Wildtieren sind gegenwärtig gesetzlich für den Verzehr zugelassen – wenn sie aus Zuchtanstalten stammen. Doch trotz aller Versuche, den offenen Handel mit solch »wilder« Nahrung zu regulieren und zu kontrollieren, ist es nach wie vor das große Geschäft. Offizielle Statistiken darüber, wie viele Wildtiere tatsächlich in China verzehrt werden, gibt es zwar nicht, doch die chinesische Naturschutzorganisation (China Wildlife Conservation Association) schätzt, dass

allein in der Provinz Guangdong jährlich 50 Tonnen Frösche, 1000 Tonnen Schlangen und mehrere Tausend Tonnen Wildvögel in den Läden und Restaurants konsumiert werden. Hinzu kommt noch eine Vielzahl an Säugetieren, darunter Dachse, Zibetkatzen, Fledermäuse und Steppenschuppentiere (Pangoline).

Nicht alle kulturellen Praktiken der Chinesen schaden der Tierwelt. Eines der Highlights während der Aufnahmen für *Wildes China* war die Entdeckung von Kulturen, die wilde Tiere auf ganz andere Art achteten. Dazu gehörten die als Nomaden lebenden Rentier-Züchter im nördlichen Heilongjiang, die Dorfbewohner von Miao in Guizhou mit ihren Schwalben, die das Wetter vorhersagen, die Kasachen in Xinjiang, die Adler für die Jagd einsetzen, und die Pfauen züchtenden tibetischen Mönche. In einer von Taoismus und Buddhismus geprägten Kultur ist der Respekt vor der Natur nicht ungewöhnlich.

Geschichten über das gespannte Verhältnis zwischen Mensch und Tier zu filmen, war verhältnismäßig einfach; viel schwieriger war es, das Verhalten wilder Tiere selbst zu dokumentieren. Untersuchungen über Wildtiere gibt es in China kaum; nur wenige der Wildtiere sind an die Gegenwart von menschlichen Beobachtern so gewöhnt, dass man sich ihnen als Dokumentarfilmer überhaupt nähern könnte. Und die Tiere, denen man sich nähern könnte, sind so streng geschützt, dass Außenstehende kaum je eine Erlaubnis bekommen, sie zu filmen. Weniger geschützte Tierarten sind meist Menschen gegenüber misstrauisch, sodass man sie kaum zu Gesicht bekommt. Bei vielen der Arten, die offiziell noch vorkommen sollten, stellte sich heraus, dass es diese Tiere längst nicht mehr gibt. Fremden ist es nahezu unmöglich in Erfahrung zu bringen, wo und wie man Wildtiere beobachten kann, obwohl Einheimische und Jäger hier vermutlich Bescheid wissen.

Im Vergleich zu vielen Ländern Europas, in denen die meisten der Großtierarten bereits ausgerottet sind, ist die Liste der in China lebenden Tiere allerdings noch

OBEN
Kalksteinformationen, umgeben von Rapsfeldern in Qujing, im Süden von Yunnan. Die Landwirtschaft Chinas wird heute bereits vielfach im industriellen Maßstab betrieben.

immer eindrucksvoll. Im bevölkerungsreichsten Land der Erde gibt es bis heute Großsäugetiere wie den Elefanten, den Gaur (eine südostasiatische Rinderrasse), den Takin (eine asiatische Ziegenart), den Großen Panda, den Leoparden und den Schneeleoparden, den Yak, das zweihöckrige Baktrische Kamel und sogar ein paar Sibirische Tiger.

Ausblick

China gehörte 1993 zu den ersten Ländern, die die Konvention zur Erhaltung der Artenvielfalt ratifizierten. Seit damals wurden alle im Land vorkommenden Arten katalogisiert. Eine Liste der gefährdeten Arten wurde erstellt und man war

entschlossen, die Konvention über den Handel mit bedrohten Tierarten (CITES) auch praktisch durchzusetzen. Das Land weist 2194 Naturschutzgebiete aus, etwa 15 Prozent der gesamten Fläche – mehr als der Weltdurchschnitt, der bei 11,4 Prozent liegt.

Das moderne China hat schwierige Zeiten hinter sich gebracht und blickt heute mit Stolz und Optimismus in die Zukunft. Gerade unter den jungen Menschen wächst auch das Umweltbewusstsein. Noch immer ist China ein Land von außergewöhnlicher Schönheit mit einer wunderbaren Tier- und Pflanzenwelt. Mit entsprechender Entschlossenheit könnte es auch in der Phase der stürmischen wirtschaftlichen Expansion gelingen, die faszinierende Natur zu erhalten – sodass sie auch noch künftige Generationen mit Stolz erfüllt und in Staunen versetzt.

UNTEN
Die Große Mauer – das längste, jemals von Menschenhand errichtete Bauwerk, zählt zum UNESCO-Welterbe. Die natürlichen Schätze Chinas sind nicht weniger bedeutsam, viele sind heute auf Schutz angewiesen.

1

Das Kernland

1793 REISTE EIN BRITISCHER GESANDTER NACH CHINA, UM die Möglichkeiten von Handelsabkommen zu sondieren. Während einer Audienz beim Kaiser wurde ihm mitgeteilt: »Wir haben alles, was wir brauchen, wir haben keine Verwendung für eure Produkte.« Die Chinesen glaubten, dass sie die äußere Welt nicht nötig hätten, was dazu führte, dass das chinesische Kernland bis vor Kurzem Ausländern weitgehend verschlossen war. Jahrtausendelang war China kulturell und geografisch isoliert, im Norden abgeschirmt durch die Große Mauer, im Westen durch die abweisenden hohen Berge der Hochebene Tibets, im Osten durch das Meer und im Süden durch tropische Regenwälder.

China verfügt über die längste lückenlos dokumentierte Geschichte der Welt. Vor mehr als 4500 Jahren vereinigten sich unter dem legendären Gelben Kaiser Huang Di benachbarte Stämme in der nordchinesischen Flussebene des Gelben Flusses (Huang He). Heute gilt er als der Gründungsvater der chinesischen Zivilisation. Erst 221 v. Chr. wurde die Macht zentralisiert, als Kaiser Qin das chinesische Reich gründete. Aus der westlichen Schreibung von Qin – »Ch'in« – hat sich dann der Name China entwickelt. Auf diese Periode folgte die Han-Dynastie, das goldene Zeitalter der Literatur, Kunst, Mathematik, Wissenschaft, Musik und Medizin. In dieser Zeit entstand die ethnische Identität der Chinesen, die Bezeichnung Han hat sich bis heute gehalten.

Das Kernland um den Gelben Fluss wurde bald erweitert, die hungrige und schnell wachsende Bevölkerung breitete sich südwärts bis zum Yangtse-Fluss (Chang Jiang) aus. Die fruchtbaren Täler dieser beiden Flüsse wurden zu den »Brotkörben« Chinas. Im gemäßigten Norden wurde Weizen, im subtropischen Süden Reis angebaut – wie ein gigantisches Rückgrat trennte beide Bereiche die Bergkette Qinling . Heute machen die Han 92 Prozent von Chinas Milliardenbevölkerung aus. Mandarin, die Sprache der Han-Chinesen, ist die älteste lebende Sprache der Welt.

Der Mutterfluss

Im Jahr 2200 v. Chr. befand schon Kaiser Yu der Große: »Wer den Gelben Fluss kontrolliert, der kontrolliert China.« Die meiste Zeit in der langen Geschichte Chinas war der Fluss unter chinesischer Kontrolle. Das spiegelt sich in den Namen wider, die dem Fluss gegeben wurden: Er wird als der »Mutterfluss Chinas« beschrieben, aber auch als »Chinas Sorge«. Der Fluss ist bis heute so lebenswichtig für China wie der Nil für Ägypten. Aber das Verhältnis ist komplex und schwierig.

Der Gelbe Fluss entspringt im Westen Chinas auf der Hochebene Tibets, fließt nach Osten durch neun Provinzen, bis er nach 5500 Kilometern den Golf von Bohai erreicht. Auf seinem Weg gräbt er sich durch ein weites Lössplateau und führt dabei eine gigantische Menge gelben Sedimentgesteins mit sich, daher sein Name. Auf dieser fruchtbaren Sedimentfracht beruhte das Wachstum der Chinesischen Zivilisation rund um die flache Flussniederung. Der feine Schlamm sammelt sich

SEITE 16
Der Drachen ist das Symbol des allmächtigen Kaisers. Hier bewacht er die Verbotene Stadt in Beijing.

RECHTS
Wasser mit einer Schlammfracht von mehreren Millionen Tonnen ergießt sich hier aus einem Reservoir des Gelben Flusses. Immer wieder hat man in der Geschichte Chinas versucht, diesen Fluss zu bändigen. Heute setzt man auf gigantische Dämme, doch dabei stauen sich oft nicht nur das Wasser, sondern auch die Verschmutzung und der Schlamm. Die Fließgeschwindigkeit des Wassers nimmt in der Folge ab, was in den Bereichen flussabwärts zu ökologischen und sozialen Problemen führen kann.

im Flussbett an, bis das Wasser über die Ufer tritt und zu verheerenden Überschwemmungen führt. Es überrascht nicht, dass es in China immer jemanden gab, der für die Kontrolle dieser Überflutung zuständig war.

Im großen Stil wurde die Bewässerung des Landes und die Eindämmung des Flusses vorangetrieben. Bereits 246 v. Chr. versorgte ein mit primitivsten Mitteln gebautes Bewässerungsprojekt 80 000 Hektar Ackerland rund um Xian, der Heimat von Kaiser Qin. Mit Deichen, Kanälen, Dämmen und Überlaufbecken versuchten die Chinesen, den eigenwilligen Fluss immer besser zu beherrschen. Doch der Flussverlauf ist so unvorhersehbar, dass Eindämmung das Problem nie völlig lösen konnte. Schlimme Überflutungen sind deshalb häufig in der Geschichte Chinas. 179 v. Chr. wird das »Jahr der großen Flut« genannt; auch in der jüngeren Geschichte sind die Statistiken schockierend: Bei der Flut von 1887 sollen zwei Millionen Menschen umgekommen sein, fast vier Millionen waren es 1931. Immer wenn der Fluss über die Ufer tritt, erfindet er sich gleichsam neu, wählt er eine neue Route. In den vergangenen 2000 Jahren hat er 26-mal seinen Lauf geändert.

Mystische Berge

Die fruchtbaren Flussniederungen sind seit Tausenden von Jahren bewohnt, sodass Tiere immer weiter in die Berge verdrängt wurden. Diese Berge entwickelten sich zu Schutzzonen der Tierwelt, nicht nur, weil sie relativ unzugänglich waren, sondern auch, weil man sie seit Urzeiten als heilig ansah. Früher glaubte man, dass die Berge gleich Säulen den Himmel stützten und so verhinderten, dass er auf die Erde fiel. Berge wurden verehrt und waren das Ziel von Pilgerfahrten. Man glaubte, dass sie von Schamanen und Mystikern bewohnt seien, die sich von magischen Kräutern ernährten und dadurch Hunderte von Jahren alt würden. Die chinesischen Kaiser besuchten den Berg Taishan im Norden seit 219 v. Chr., sie hielten ihn für einen Gott, für den Sohn des Himmelsherrschers. Am anderen Ende des Kernlands wurde auf dem Emei Shan in der Provinz Sichuan vor 2000 Jahren der erste Buddhistische Tempel Chinas errichtet.

Die Mönche sind auf dem Mount Emei nicht die einzigen Bewohner; die nebeligen Gipfel sind die Heimat von imposanten Makaken, die bis zu 25 Kilogramm schwer werden – die größten Tiere ihrer Art weltweit. Sie ernähren sich von Früchten, auch von den Mönchen werden sie gefüttert. Die Kombination aus spektakulärer Landschaft und Tierwelt im Verein mit der Religion zieht Tausende von Pilgern und Touristen an, ideal für die Makaken, die so noch leichter an Futter kommen. Tatsächlich sind die Affen

RECHTS
Der Tempel Emei Shan in Sichuan ist der erste buddhistische Tempel in China.

UNTEN
Besucher des Emei Shan und ein heimischer Tibetischer Makake, versorgt durch die Mönche des Klosters. Etwa zwei Millionen Touristen und Pilger besuchen den heiligen Berg jedes Jahr.

bisweilen sehr aggressiv in ihrer Gier, man erzählt sogar, dass schon Besucher von ihnen über die Klippen gejagt wurden. Trotzdem betrachten es viele als Investition für die Ewigkeit, wenn man den so menschenähnlichen Primaten etwas Gutes tut.

Ein anderes Ziel vieler Touristen liegt am Rand der Hochebene von Tibet an der Westgrenze des Kernlands: der abgelegene Naturpark Jiuzhaigou mit seinen zerklüfteten Kalksteinbergen und waldreichen Tälern, in denen Tibeter leben. Erst 1970 fanden externe Forscher hier Zugang; die Gegend wird als UNESCO-Welterbe geführt. Wasser, das in Kaskaden von den Bergen herabfließt, bildet hier wunderschöne Seen. Weit über 100 dieser Seen sind mit kalziumreichem Wasser von unbeschreiblicher Klarheit und Farbe gefüllt. Die gespenstisch weißen Unterwasserwälder aus abgelagertem Kalk sind die Heimat einer Karpfenart, die es nur hier gibt.

Im Herbst, wenn das Laub sich färbt, wirkt Jiuzhaigou wie das »Paradies auf Erden«. Aber die wahre Schatzkammer unter den chinesischen heiligen und magischen Bergen ist das Qinling-Gebirge, das den gemäßigten Norden vom subtropischen Süden trennt. Als Folge dieser Brückenfunktion hat sich eine besonders reichhaltige Fauna mit Leoparden, Goldaffen und dem Großen Pandabären entwickelt.

Der legendäre weiße Bär

Zum ersten Mal erblickte 1869 der Missionar und Naturforscher Père Armand David das legendäre Tier, bekannt als der »weiße Bär«. Er schrieb dazu: »Ich habe dieses Tier – für meine Begriffe das hübscheste Tier, das ich kenne – in keinem europäischen Museum je gesehen. Sollte es der Wissenschaft bisher unbekannt sein?« Heute kennt jedes Kind den Namen dieses »neuen« Tieres. Es hat jedoch mehr als 100 Jahre gedauert, bis man wusste, ob es ein Bär oder ein Waschbär ist.

Bären, Waschbären und Hunde stammen von einem gemeinsamen fleischfressenden Vorfahren ab, der sich vor mehr als 24 Millionen Jahren in den Wäldern herumtrieb. Und obwohl der Große Panda zu den Fleischfressern gehört, ernährt er sich von Pflanzen. Mit seinen 1,5 Meter Länge wiegt er bis zu 135 Kilogramm; er ähnelt zwar einem Bär, aber sein Schädel und sein Gebiss unterscheiden sich von denen eines Bären. Er hat außerdem kein Fersenpolster an seinen Hinterbeinen, er hält keinen Winterschlaf, und sogar seine Genitalien sind anders als bei richtigen Bären. Aber die jüngsten DNA-Untersuchungen belegen, dass der nächste Verwandte der südamerikanische Brillenbär ist – der Panda ist also ein Bär.

Umstritten ist auch die Funktion der Fellfarbe. Die meiste Zeit ist der Große Panda ein Einzelgänger, und so könnte die auffällige Färbung im dichten Wald dazu dienen, dass die Tiere einander von Ferne besser sehen und so unliebsame Begegnungen vermeiden. Vielleicht dient sie auch der Tarnung im Schnee. Die schwarzen Augen und Ohren sollen wohl abschrecken – die schwarzen Ohren könnten wie ein weiteres Augenpaar wirken. Wenn ein dominantes Tier auf ein anderes trifft, dann nickt es mit dem Kopf und betont so die Wirkung von Augen und Ohren, während

LINKS
Der Spiegelsee, einer der vielen malerischen Seen im sogenannten »Tal der neun Dörfer« in Sichuan, Jiuzhaigou. Das Tal ist zugleich Biosphärenreservat und UNESCO-Welterbe, und es wurde erst in den 1970er Jahren von »Außenstehenden« entdeckt. Im Unterholz der Mischwälder wachsen Bambus und Rhododendren. Einige vereinzelte Takine und Große Pandas leben hier.

BÄRENLIEBE

Das Panda-weibchen sucht sich eine abgelegene und geschützte Höhle, um dort ein winziges, zahnloses, blindes und nacktes Baby zur Welt zu bringen.

Für eine kurze Zeit hört man im Frühjahr in den Wäldern das seltsame Blöken der paarungsbereiten Pandas. Das Weibchen ist nur während sieben Tagen empfängnisbereit, und der Kampf um ihre Gunst ist hart. Meist buhlen mehrere Männchen um ein Weibchen, und sie kämpfen dabei oft bis aufs Blut. Normalerweise gewinnt hier der größte Bär. Im August/September sucht sich die Bärin eine sichere Höhle, um ihr Baby zu gebären. Das Junge ist so klein – es bringt gerade mal ein Tausendstel des Gewichts seiner Mutter auf die Waage; dies ist zugleich ein Rekord: das kleinste Kind-Mutter-Gewichtsverhältnis aller Plazentatiere. Das Junge bleibt 18 Monate lang bei seiner Mutter.

ein schwächeres Tier seinen Kopf zur Seite neigt und seine Augen mit den Pfoten bedeckt. So viel ist aber sicher: Der Große Panda lebt seit mindestens drei Millionen Jahren in den isolierten Bambuswäldern Chinas.

Bambus ist lebensnotwendig für den Großen Panda, macht ihn aber zugleich verwundbar. Bambus ist zäh, faserig und kalorienarm. Obwohl der Panda den Darm eines Fleischfressers hat, ernährt er sich zu fast 99 Prozent von Bambus. Vielleicht waren es konkurrierende Fleischfresser, die ihn zur Bambusdiät und zu den entsprechenden Anpassungen gezwungen haben. Bewegliche Vorderpfoten und ein vergrößerter Handwurzelknochen funktionieren wie der Daumen bei einem Primaten und erleichtern die Handhabung des Bambus. Große Backenzähne und starke Kiefermuskeln helfen bei der Zerkleinerung der Pflanzenteile; eine verdickte Schleimhaut schützt Rachen und Magen. Doch mit dem kurzen, für einen Fleischfresser typischen Darm kann er nur 20 Prozent der Nahrung verwerten (eine Kuh schafft etwa 60 Prozent).

Der Kot des Pandabären enthält viele unverdaute Pflanzenteile; ein Panda muss daher bis zu 16 Stunden am Tag mit Fressen verbringen. Anders als andere Bären kann er kein Fettpolster für den Winterschlaf aufbauen. Doch sein Fell ist mit wasserabweisendem Öl imprägniert und besteht aus zwei Schichten, einer gröberen äußeren und einer dichteren, wolligen inneren Schicht, die ihn vor Kälte schützt.

In den 70er und 8oer Jahren hat die Abholzung der Wälder die Überlebenschance des Großen Panda drastisch vermindert. Heute ist sein Lebensraum weiter dadurch eingeschränkt, dass die landwirtschaftliche Nutzfläche oft bis an die Berge reicht. Die Zahl der Pandas nahm stetig ab, und Versuche, sie in Gefangenschaft zu züchten, hatten nur geringen Erfolg. Zu wenig war über das Verhalten der weißen Bären bekannt. Heute ist es verboten, die Wälder abzuholzen; auch andere Verbesserungen für die Umwelt haben die Chancen erhöht, dass die Pandas sich wieder in freier Wildbahn vermehren. In den letzten zehn Jahren konnten hier wesentliche Fortschritte in Wolong in Sichuan erzielt werden. Im Jahr 2006 zog Wolong 17 Bärenjunge auf, einige von ihnen sollen später in die freie Wildbahn entlassen werden. Und was noch wichtiger ist: Die Population der frei lebenden Tiere ist inzwischen wieder auf etwa 1600 angewachsen.

Goldene Kreaturen

Im 16. Jahrhundert lebte in Konstantinopel eine wunderschöne Sklavin, Roxellanna genannt. Ihr auffallendes rotes Haar, ihre großen blauen Augen und ihre wohlgeformte kleine Stupsnase erregten die Aufmerksamkeit des Sultans des Ottomani-

OBEN
Die seltene Aufnahme eines wild lebenden Großen Panda. Es gibt nur noch 29 nicht zusammenhängende kleinere Areale, die bieten, was die Pandabären zum Überleben benötigen.

LINKS
Ein männlicher Panda versucht einen Handstand, während er seine Duftmarke an einem Baumstamm hinterlässt. Sie dient als Botschaft an mögliche Rivalen: Je höher die Marke, desto größer der Bär.

schen Reichs. Er war so vernarrt in sie, dass er sie sogar heiratete. Heute hat sie im wissenschaftlichen Namen für die Goldstumpfnase, *Rhinopithecus roxellana*, Unsterblichkeit erlangt. Dieser Name wurde einer ungewöhnlicher Primatenart verliehen, die in denselben Wäldern lebt wie der Große Panda. Vom Schwanz bis zum Kopf misst das Tier bis zu zwei Meter und hat ein Fell aus langem, dickem, rotgoldenem Haar, ein leuchtend himmelblaues Gesicht und eine kurze Stupsnase. Goldstumpfnasen leben in Höhen zwischen 1500 und 3500 Metern; ihr Einzugsbereich ist bis zu 50 Quadratkilometer groß. Man bekam sie nur sehr selten zu Gesicht. In den letzten Jahrzehnten konnte man jedoch mehr über ihr Leben in Erfahrung bringen.

In den Hochtälern der Qinling-Berge sind sie nicht zu überhören. Eine Gruppe von bis zu 300 Affen kann sehr viel Lärm erzeugen mit ihrem zänkischen Geschnatter, wenn sie einander die Felle pflegen oder kopulieren. Gelegentlich hört man laute Schreie, wenn eines der untergeordneten Männchen gegen die hierarchische Ordnung verstößt. Im Sommer fressen sie Blätter, die Bakterien in ihren sackartigen Mägen helfen bei der Aufschließung der Zellulose. Im Winter, wenn der erste Schnee fällt, teilt sich die Gruppe in mehrere kleinere Trupps auf, die sich von Rinde, Flechten und Moos ernähren. Nach dem Fressen liegen die Affen faul in der Sonne. Jede Familie kuschelt sich zusammen, das stärkt die sozialen Bindungen und hält zugleich warm. Ihrem dicken Fell ist es zu verdanken, dass sie niedrige Temperaturen aushalten können, die andere Affen längst umgebracht hätten. Früher trugen Manchu-Beamte deren Pelz, weil man glaubte, dass das Fell gut gegen Rheumatismus wäre. Heute sind die Goldstumpfnasen geschützt; sieben Jahre Gefängnis drohen jedem, der Jagd auf sie macht.

Ein anderes faszinierendes Geschöpf teilt sich die Täler der Qinling-Berge mit den rotgoldenen Affen. Man stelle sich ein Tier vor mit einem goldfarbenen Fell, den Hörnern eines Gnus, einem zottligen Schädel mit einer gebogenen römischen Nase, dem Körper eines Moschusochsen und einem kleinen Schwanz. Für den Takin wird oft der Begriff »Ziegenantilope« verwendet, aber das hört sich ziemlich harmlos an. In Wahrheit handelt es sich um eines der gefährlichsten Tiere Chinas. Wer einem begegnet, sollte umgehend auf den nächsten frei stehenden Baum klettern.

LINKS
Ein erwachsenes Goldstumpfnasen-männchen im Naturpark Zhouzhi in den Qinling-Bergen. Die Wülste an seiner Oberlippe deuten darauf hin, dass das Tier mindestens sechs Jahre alt ist.

Der Takin gehört zur selben Familie wie der Arktische Moschusochse. Männliche Tiere erreichen 1,3 Meter Schulterhöhe und werden bis 2,2 Meter lang; sie bringen bis zu 350 Kilogramm auf die Waage und sind mit 30 Zentimeter langen Hörnern bewehrt. Er hat ein dickes, zotteliges goldfarbenes Fell, von dem behauptet wird, dass es das »Goldene Vlies« Jasons und der Argonauten gewesen sei. Das Fell riecht allerdings ziemlich streng, es ist mit einer öligen Flüssigkeit imprägniert, wodurch sich die Takine gegen winterliche Temperaturen wappnen, die durchaus auf bis zu −10 °C fallen können. Die Takine leben in den Bambuswäldern hoch in den Bergen, wo das Gelände felsig und gefährlich ist. Aber mit ihren breiten Hufen und ihren

UNTEN
Eine Herde Takine grast im Sommer auf den niedriger gelegenen Bergweiden. Takine greifen an, wenn sie sich bedroht fühlen; die Menschen fürchten sie deshalb, vielleicht haben die Takine darum überlebt.

UNTEN
Goldstumpfnasen kuscheln sich aneinander und stärken so die sozialen Bindungen. Im Winter ernähren sie sich von Rinde, Flechten und Moos.

Dank ihres dichten Fells können sie Temperaturen aushalten,
die andere Affen nicht überleben würden.

großen Afterklauen sind sie überraschend behände, sodass sie in den Qinling-Berg-hängen herumklettern können, immer auf der Suche nach Futter.

Die großen männlichen Tiere sind normalerweise Einzelgänger. Doch im Sommer, kurz vor der Brunst formieren sich Herden mit bis zu 100 Tieren. Die Männchen kämpfen dann gegeneinander, die Hörner krachen dabei so laut aneinander, dass es wie Pistolenschüsse durch die Berge hallt. Dem Sieger dieser Gladiatorenkämpfe winkt ein ganzer Harem von Weibchen. Die Kälber kommen im März des Folgejahrs auf die Welt. Dann können sie leicht Beute von Bären und Wölfen werden, was vielleicht das aggressive Naturell der Takine erklärt. Aber die größte Bedrohung ist der immer weiter schwindende Lebensraum, und es ist gut möglich, dass der vom Aussterben bedrohte Takin eines Tages zur Legende wird, genauso wie das Goldene Vlies.

Rückkehr des Ibis

Vor etwas mehr als 20 Jahren drohte ein anderes seltsames Tier auszusterben: der Haubenibis. Dieser Vogel hat ein leuchtend rotes Gesicht und ein weißliches bis rosarotes Gefieder; mit seinem langen, gekrümmten Schnabel gräbt er nach Schnecken und fängt Fisch. Die männlichen Tiere haben eine Haube, die dem Kopfschmuck amerikanischer Ureinwohner ähnelt. In der Vergangenheit war der Haubenibis von Japan bis in den fernen Osten Russlands weit verbreitet, 1981 jedoch waren nur noch sieben wild lebende Vögel übrig – vier ausgewachsene Tiere und drei

Jungvögel. Die Ibisse lebten in der Nähe von Yangxian, einem Bauerndorf an den Südhängen der Qinling-Berge. Die Vögel benötigen hohe Bäume als Ruheplätze und für den Nestbau sowie Feuchtgebiete für die Nahrungssuche – von denen viele verschwunden sind, weil Weizen immer mehr den Reisanbau verdrängte. Die Reisfelder bei Yangxian erwiesen sich als Mini-Feuchtgebiete, in denen die Vögel Flussschnecken und kleinere Fische finden konnten; und es gab ein paar hohe Bäume zum Schlafen, Rasten und Nestbauen.

Der Haubenibis wurde immer mit dem chinesischen Bauern in Verbindung gebracht – die Dichter früherer Zeiten beobachteten, wie der geräuschvolle Aufbruch der Vögel nach ihrer Nachtruhe den Beginn des bäuerlichen Arbeitstags ankündigte. Nach der Entdeckung der letzten

lebenden Haubenibisse trafen die Chinesen eine Reihe von Vorkehrungen, um sie zu schützen. Bäume durften nicht mehr gefällt werden und auf den Feldern war der Einsatz von Chemie verboten. Die Nistbereiche wurden zu staatlichem Eigentum erklärt und entsprechend kontrolliert. Diese Maßnahmen waren so erfolgreich, dass die Population heute wieder auf etwa 360 Vögel angewachsen ist. Die Vögel sind vom Aussterben bedroht, aber sie sind inzwischen zu einem Symbol der Hoffnung und Beständigkeit geworden im sich so rasch verändernden modernen China.

Der Wasserdrachen

Das chinesische Fabeltier schlechthin ist der Drachen – die Chinesen selbst bezeichnen sich als »Long de Chuanren«, als Nachfahren der Drachen. Weil der Drachen mit der furchtbaren und auch potenziell destruktiven Macht der Kaiser assoziiert wurde, hat man inzwischen den Großen Panda zum Nationaltier erkoren – und doch spielt der Drache in der chinesischen Vorstellungswelt noch immer eine beherrschende Rolle.

Allerdings hatte der chinesische Drachen nie eine feste Gestalt. In manchen Beschreibungen hat er den Kopf eines Kamels, das Geweih einer Hirsches, die Pranken eines Tigers und die Fänge eines Adlers. Dabei handelt es sich nicht um die Feuer speienden Ungetüme, die im europäischen Mittelalter ihr Unwesen trieben. Chinesische Drachen sind nämlich keine übelwollenden Monster, sondern verkörpern die Kräfte des Guten. Im Chinesischen Horoskop tritt die Draco-Konstellation im Frühling auf, wenn der Drachen sich in den Himmel erhebt und die Regenzeit ankündigt – die Zeit der Fruchtbarkeit und des Wachstums.

Der Drachen hatte eine Schuppenhaut, deshalb war Wasser sein natürliches Element. Aus seinem Maul kam kein Feuer, sondern Dampf, um Regen zu erzeugen.

Wenn Drachen im Wasser kämpften, gab es Überflutungen; Stürme gingen auf Drachen zurück, die in der Luft aufeinander losgingen. Mit ihren langen, schlangenartigen Körpern gruben sie die großen Flüsse und wurden zu Regen bringenden Bergen, wenn sie sich zusammenrollten.

Da die Drachen die Kontrolle über das Wasser hatten, waren sie die Quelle der Fruchtbarkeit, des Wissens und der Macht. Der Drachen konnte böse Geister fernhalten und Glück bringen. Er war so bedeutsam, dass die chinesischen Kaiser sein Bild auf ihren Roben trugen und mit seiner Macht verbunden wurden, wenn sie auf dem Drachenthron saßen. Es war gefährlich den Drachen zu ignorieren oder zu beleidigen. In vielen Tempeln gab es Bereiche, in denen Drachen verehrt oder milde gestimmt werden sollten. Bis heute ist es tabu, das Bild eines Drachens zu verunstalten. Auch im modernen China bildet der Drachentanz noch immer den Höhepunkt des 14-tägigen chinesischen Neujahrsfests. Größere Städte warten in aufwendigen Paraden mit spektakulären Drachendarstellungen auf, die von farbigen Laternen begleitet werden, während in kleineren Orten »Puppen«-Drachen durch die Straßen und in die Häuser stürmen, wo man ihnen Geschenke gibt. Auch in der Landschaft finden sich viele Spuren: Zahllose Täler, Schluchten, Wasserfälle und Seen sind nach Drachen benannt. China ist heute mehr denn je vom Wasser abhängig – es dürfte ratsam sein, den Drachen nicht zu ignorieren.

Denkschulen

Die einzigartige chinesische Weltanschauung wurde im Wesentlichen durch drei Schulen des Denkens geformt. Bereits im 6. Jahrhundert n. Chr. bemerkte der Gelehrte Li Shiqian: »Buddhismus ist die Sonne, Taoismus der Mond und der Konfuzianismus steht für die fünf Planeten.« Diese drei Lehren gleichen weniger Religionen, sie sind eher Philosophien. Diese Strömungen haben alle eines gemeinsam: die Vorstellung, dass der Mensch mit der Welt in Harmonie leben soll.

Konfuzius war der Erste. Sein Leben (551–479 v. Chr.) fiel in eine Zeit politischer Turbulenzen. Die Lösung der Probleme seines Landes sah er in einem sozialen Gefüge, in dem jeder seinen Platz genau kannte und wusste, was von ihm erwartet wurde. Er führte Verhaltensregeln ein, die auf Wohlwollen, gutem Benehmen und Disziplin beruhten. Die Menschen befanden sich in einem Beziehungsgeflecht, das die Eltern, die Kinder, die Ehepartner, aber auch die Arbeitskollegen umfasste, bis hinauf zum Kaiser. Alles im Leben gründete auf solche Beziehungen, jeder war mit

jedem verbunden. Einer der vielen Schlüsselsätze war: »Füge niemanden etwas zu, von dem du nicht möchtest, dass es dir selbst widerführe.« Obwohl jeder dem Schicksal unterworfen war, hatte er die Aufgabe, innerhalb seines sozialen Ranges ein besseres Leben zu erstreben und sich nicht einfach einem vorbestimmten Lebensplan zu ergeben. Es überrascht nicht, dass den nachfolgenden Kaisern dieses Denken gut gefiel, und so betrachtete man den Konfuzianismus bis zu den großen politischen Veränderungen des 20. Jahrhunderts als eine Art Staatsreligion.

Zur selben Zeit gewann eine andere Denkrichtung zunehmend an Boden. Dem Taoismus ging es darum, der Routine und den Ritualen des Alltags zu entrinnen auf der Suche nach einer einfacheren, spirituelleren Art der Existenz. Dieses Denken wurzelt im Schamanismus und dem Geisterglauben der älteren Kulturen. Die Natur war oberstes Prinzip, und alles hatte den Regeln der Natur zu folgen. Die für Konfuzius so wichtigen sozialen Institutionen waren irrelevant. Der Taoist stellte sich vielmehr eine utopische Welt mit nur ganz wenigen Gesetzen vor: eine Rückkehr zu einem Stadium der Unschuld. »Sich dem Strom überlassen«, dem natürlichen Weg und dem Lauf der Natur zu folgen, bildete das Grundkonzept dieser Lehre. Die Natur selbst existiert als »Yin und Yang« – komplementäre Gegensätze wie Tag und Nacht, männlich und weiblich, Feuer und Wasser. Keiner von beiden ist absolut, beide Aspekte sind fließend und müssen im Gleichgewicht gehalten werden. Unter gewissen Blickwinkeln kann man bei allen Dingen Yin- und Yang-Aspekte feststellen und hier ein Gleichgewicht erreichen.

Die Schriften und Verse des Taoismus gehören zu den Höhepunkten der chinesischen Kultur, führten allerdings auch zu einer Spaltung: Für viele gebildete Chinesen hatte das Leben eine soziale Dimension, in der Konfuzius vorherrschte, aber auch eine private Seite, geprägt durch die Ideen des Taoismus.

Die Ankunft des Buddhismus

Während des 2. Jahrhunderts v. Chr. entwickelte sich die »Seidenstraße« zu einer viel bereisten Route von und nach China. Auf diesem Weg gelangte auch der Buddhismus über Zentralasien nach China. Der Buddhismus predigte die Reinkarnation, ganz im Unterschied zum Glauben der Chinesen an ein einziges Leben. Es dauerte, bis diese Denkrichtung Anhänger fand, und die Tatsache, dass es eine Religion aus dem Ausland war, war dabei eher hinderlich. Aber in den Zeiten politischer Unruhen schien der Buddhismus Erklärungen anzubieten und Trost zu spenden und eroberte so allmählich die Vorstellungswelt der Menschen.

Der Buddhismus versprach, dass das Heil über Meditation und Askese erreicht werden könne – unter Wahrung eines strikten moralischen Kodes. Seine Bilder und Rituale waren voller Magie, und so verschmolz er bald mit dem Taoismus – so sehr sogar, dass man glaubte, der Begründer des Taoismus wäre in Indien als Buddha wiedergeboren. Die frühesten Übersetzungen buddhistischer Schriften ins Chinesische

nutzten viele taoistische Begriffe und Wörter, um die Religion begreifbar zu machen. Doch die Buddhisten mussten noch mit Konfuzius klarkommen.

Die spirituelle Erleuchtung des Einzelnen und das Mönchstum schienen im Widerspruch zu stehen zur sozialen Ordnung und einem eher praktisch orientierten Leben. Aber durch eine sorgfältige Formulierung wurde der Buddhismus unter konfuzianischen Vorzeichen neu erfunden. Die Erlösung des Einzelnen trug nun zum umfassenderen Wohl der Gemeinschaft bei, und auch die Mönche leisteten

OBEN
Der Buddha Maitreya (Buddha der Zukunft) aus dem 8. Jahrhundert n. Chr. am Fluss Min bei Leshan, Sichuan. Es ist das größte Standbild der Gottheit weltweit.

ihren Beitrag zu diesem größeren Ziel. Der Ahnenkult, ein zentrales Konzept des Konfuzianismus, wurde integriert. Nun, da der Buddhismus innerhalb des chinesischen Systems funktionierte, begann er sich auszubreiten. Die wesentlichen Gemeinsamkeiten der drei Lehren wurden betont, nicht die Unterschiede. Der Konfuzianismus kam zum Tragen, wenn es um die Familie und um ethische Fragen ging, der Taoismus war zuständig für den Körper und die Psyche des Einzelnen, und der Buddhismus kümmerte sich um den Tod und das Jenseits.

In den folgenden Jahrhunderten gab es immer wieder Zeiten, in denen die eine oder andere Richtung vorherrschte, bis sie alle zu Beginn des 20. Jahrhunderts verboten wurden. 1982 wurde die Verfassung schließlich ergänzt und den Chinesen Religionsfreiheit zugestanden. Konfuzius ist noch immer allgegenwärtig, er prägt das System der Gesellschaft. Der Taoismus ist die Religion des Volkes, die zahlreichen Götter werden noch immer, besonders auf dem Land, verehrt. Buddhismus ist mit 350 Millionen Chinesen die größte organisierte Glaubensgemeinschaft.

Kung Fu und die Shaolin-Mönche

Kaum eine andere chinesische Glaubensrichtung oder Philosophie ist so berühmt, hat so viel Neugier und Bewunderung erregt, wie die Lehren der Shaolin-Mönche. Im Jahr 540 n. Chr. reiste Bodhidharma, ein Mönch aus Südindien, nach China, um mit dem Kaiser über den Buddhismus zu reden. Doch er zerstritt sich mit dem chinesischen Potentaten, und so ging er und besuchte einige Mönche in einem nahegelegenen Tempel. Der Tempel war um eine Lichtung gebaut, die mit Bäumen bepflanzt war (Shaolin bedeutet »junger Wald«). Die Legende berichtet, dass die Mönche so sehr mit der Übertragung buddhistischer Texte beschäftigt waren, dass sie ihn nicht einließen. Daraufhin zog er sich in eine Höhle zurück und begann zu meditieren. Dort blieb er neun Jahre, bis die Mönche am Ende doch erkannten, dass er ihnen etwas geben konnte, und ihm Einlass gewährten.

Tagaus, tagein saßen die Mönche an ihren Pulten beim Transkribieren der Texte, sie waren deshalb körperlich in schlechter Verfassung und den physischen und mentalen Anforderungen einer buddhistischen Meditation nicht gewachsen. Viele von ihnen konnten sich nicht im Yogasitz entspannen, und einige schliefen bei den Meditationen sogar ein. Die Lösung bestand in Bewegungsübungen, um Kraft aufzubauen und den Fluss des Chi zu verbessern. Bodhidharma wählte als Merkhilfen Bilder von Tieren, die den Chinesen vertraut waren. Das ist der eigenartige und zugleich ganz praktische Ursprung des Shaolin-Kung-Fu.

Die Übungen, die Bodhidharma vorschrieb, dienten in der Hauptsache dazu, Energie und Kraft zu gewinnen. Obwohl die Unterweisung in Kung Fu auch die Gewalt und ihre Vermeidung umfasste, galt doch, dass der, der sich auf einen Kampf einließe, den Kampf schon verloren habe. Doch das Kloster lag abgeschieden und es war reich – möglicherweise waren marodierende Banditen der Auslöser, sodass

die Mönche ihre Übungen zu der kriegerischen Kunst vervollkommneten, als die sie heute weltweit bekannt ist.

Im Jahr 698 n. Chr. wurde bei einem Versuch, den Kaiser vom Thron zu stürzen, dessen Sohn gefangen genommen. 13 Shaolin-Mönche wurde ausgesandt, um ihn zu befreien. Angeblich besiegten sie eine 10 000 Mann starke Armee. Auf diese Weise wurde ein Band zwischen den Kaisern und den Mönchen geschmiedet, das im Wesentlichen bis zur Ming-Dynastie (1368–1644), der Blütezeit des Ordens, hielt. Die Klöster waren sehr angesehene Zentren für Philosophie, Geschichte, Mathematik und Poesie; ein Kung-Fu-Meister musste von all diesen Bereichen Kenntnisse haben.

In den folgenden Jahrhunderten fielen die Shaolin in Ungnade, zumal sie sich in einem Land, das von Kriegen und Eroberungsfeldzügen zerrüttet war, politisch oft auf die falsche Seite stellten. Im 18. Jahrhundert wurden sie schließlich verboten und gingen in der Untergrund. Das war zugleich die Blütezeit des Tai Chi, das mit seinen absichtlich langsamen Bewegungen eine Art getarntes Kung Fu darstellt.

Die Shaolin tauchten 1895 wieder auf, nachdem die Japaner China besiegt hatten und eine europäische Invasion drohte; die Kaiserin von China gestattete der zuvor geächteten Gemeinschaft der »in Rechtschaffenheit vereinigten Faustkämpfer«, den Feinden Schaden zuzufügen. Besser bekannt als die Boxer war dies eine auf der Shaolin-Philosophie aufbauende religiöse Gruppierung. Sie

OBEN
Krieger-Mönche des Shaolin-Tempels, Dengfeng, aus dem 1. Jahrhundert n. Chr. zeigen ihre Kung-Fu-Kampfkünste im »Pagoden-Wald« des Tempels, zwischen den Grabstätten berühmter Mönche. Der Tempel ist die Geburtsstätte des Kung Fu, das in China heute wieder populärer ist als jemals zuvor – allerdings steht der physische Aspekt im Vordergrund, nicht der philosophische Inhalt, der einst eine wichtige Rolle spielte.

DIE MENAGERIE DES KUNG FU

Die Stilformen des Shaolin-Kung-Fu haben 18 Tiere zum Vorbild, darunter Kobra, Leopard, Hirsch, Kranich, Mantille, Affe und natürlich den Drachen.

Die Stilformen des Shaolin-Kung-Fu gründen auf 18 Tieren, darunter Kobra, Leopard, Hirsch, Mantille, Affe und Drachen. Der Kranich springt vor und zurück, schlägt mit seinen Flügeln und hackt mit seinem Schnabel, zu den Bewegungen gehören weit ausholende Kicks und die sogenannte »Kranich-Schnabel«-Handhaltung (*oben*). Im Unterschied dazu ist der Tiger ein wildes Gemenge an Kicks, Schlägen und Griffen – die als letztes Mittel zum Einsatz kommen, wenn man sich in die Ecke gedrängt fühlt. Der Drache ist subtiler, er verlässt sich mehr auf die mentale Stärke als auf die körperliche Gewalt. Nur ein System von Bewegungen ist nicht tierisch: Der »Betrunkene« besteht aus ruckartigen Schritten und unkoordinierten Schlägen, die den Gegner irritieren sollen.

praktizierten Kung Fu in Kombination mit magischen Ritualen und Zaubereien, die sie unverwundbar und schmerzunempfindlich machen sollten. Unglücklicherweise funktionierte das nicht, und der »Boxer-Aufstand« scheiterte.

Maos Kulturrevolution war das Menetekel für die Lehre der Shaolin und für Kung Fu – zumindest in China. Es ist den Bruce-Lee-Filmen zu verdanken, dass Kung Fu sich überall sonst verbreiten konnte. Erst jüngst wurde Shaolin-Kung-Fu auch in China wiederentdeckt, nachdem sich das Land wieder verstärkt um sein kulturelles Erbe kümmert. Die Betonung liegt heute auf den rein physischen Aspekten der Lehre, vielleicht, weil man ihre schillernde Rolle in der Geschichte ausklammern möchte.

Die Große Mauer

Verteidigung, Invasion und Krieg kennt jede Zivilisation, aber nur wenige Ereignisse haben ein so die Landschaft prägendes Monument hinterlassen wie die Große Mauer – das Bauwerk, das am häufigsten mit der Vorstellung von China verbunden wird. Sie markiert die nördliche und westliche Grenze des früheren Kernlandes. Zugleich trennt sie die gemäßigten von den raueren, unwirtlicheren Landschaften und Klimazonen, den endlosen Grassteppen der Mongolei, den Wüsten von Xinjiang und dem Dauerfrostboden der Tundra im Nordosten, die bis Sibirien reichen.

Die Bereiche »jenseits der Mauer« hielt man nicht nur wegen der Landschaft für wild und gefährlich, sondern auch wegen der dort lebenden feindlichen Volksstämme. Schon ab 700 v. Chr. bauten einzelne Staaten in China Mauern als Grenzbefestigungen zum Schutz vor den verschiedenen, einander bekriegenden Völkern. Als Kaiser Qin ab etwa 220 v. Chr. diese Staaten gegen den Feind im Norden einte, vergrößerte man die einzelnen Mauern und verband sie miteinander, daraus entstand dann die Große Mauer. Oft waren es Erdwälle, von denen heute kaum etwas erhalten geblieben ist. Erst nach der Niederlage gegen die Mongolen im Jahr 1449 bekam die Große Mauer allmählich ihre heutige Gestalt und ihre heutige Ausdehnung.

Die Kaiser der Ming-Dynastie konnten dabei nicht dem Verlauf des Gelben Flusses folgen, sie waren gezwungen, sich an den Südrand der von den Mongolen beherrschten Ordos-Wüste zu halten. Daraus wurde eine der kühnsten und extravagantesten Konstruktionen, die jemals gebaut wurden: 7,6 Meter hoch und im oberen Teil bis zu 3,7 Meter breit – breit genug für Hunderte von marschierenden Soldaten und deren Versorgungstross. Weil viele Abschnitte heute reparaturbedürftig sind und sich in unwirtlichen, abgelegenen Regionen befinden, ist man sich uneins über die wahre Länge – die Schätzungen gehen von 2500 Kilometer bis zu über 6000 Kilometer.

Der Bau der Großen Mauer dokumentiert die außerordentliche Macht der Kaiser und die Fähigkeit einer Zivilisation, die dafür notwendigen Ressourcen zu

UNTEN
Die Große Mauer bei Jingshanling. Das abweisende Terrain auf beiden Seiten der Mauer werden viele der Invasoren als genauso abschreckend empfunden haben wie die Mauer selbst.

UNTEN
Die Große Mauer grenzt das gemäßigte
Kernland gegen die Grassteppen, Wüsten und
die Frostböden der Tundra in den wilden
nördlichen und westlichen Regionen ab.

Erst nach der schimpflichen Niederlage gegen die Mongolen
im Jahr 1449 wurde damit begonnen, die Große Mauer in der heutigen
Form und dem jetzigen Verlauf zu erbauen.

mobilisieren. Denn die Mauer war im Norden und Westen tatsächlich ein effektiver Schutz, zumindest in der Zeit, als China geeint und stark war. Als aber interne Rebellionen ausbrachen, wurde auch der gewaltige logistische Aufwand vernachlässigt, den der Unterhalt der Mauer erforderte. Die Abwehr war nun leicht zu überwinden.

Während der Qing-Dynastie wurde die Mongolei schließlich annektiert, sodass die Große Mauer nicht mehr länger als Verteidigungslinie benötigt wurde. Die zahllosen Eulen, Adler, Bussarde, Kraniche und anderen Vögel konnte sie sowieso noch nie von ihrem bunten und von viel Geschrei begleiteten Zug nach Süden abhalten, mit dem sie dem extremen Winter in Chinas Nordosten entfliehen.

Vordringender Sand, knappes Wasser

Heute bedrohen das Kernland keine Invasionstruppen mehr, viel ernster sind ganz andere Probleme: In jedem Frühjahr überziehen Staubstürme den Norden Chinas bis weit hinein ins Landesinnere. Durch die Rodung der Wälder im Norden und Westen hat sich die Wüste immer weiter ausgebreitet und droht nun, Chinas größte Städte zu ersticken – die nächstgelegene Stadt liegt nur 70 Kilometer von Beijing entfernt. Die Chinesen versuchen dem durch eine »Grüne Mauer« zu begegnen, die nicht weniger spektakulär ist als die Große Mauer, aber vielleicht viel existentieller, als es die Große Mauer jemals war. In einem auf 70 Jahre angelegten Projekt werden in einem Gürtel von 4480 Kilometern im Nordwesten Chinas Bäume gepflanzt, die den Boden stabilisieren und das weitere Vordringen der Wüste verhindern sollen.

Die Entwicklung im 20. Jahrhundert hat manche der Probleme, mit denen das Kernland schon immer zu kämpfen hatte, noch verschärft – nicht zuletzt, was den

Gelben Fluss betrifft. Der Wasserverbrauch aus dem Mutterfluss hat alarmierende Ausmaße erreicht: 1950 wurden damit 800 000 Hektar Ackerland bewässert; 2003 waren es schon mehr als 7 000 000 Hektar. Der Fluss führte schließlich so wenig Wasser, dass er nicht einmal mehr das Meer erreichte.

Die rasch wachsende Bevölkerung brachte mit sich, dass immer mehr Menschen die Lössebenen bewohnten. In der Folge wurde noch mehr Wald gerodet und mit der Überkultivierung der Flächen eskalierte das Problem der Bodenerosion. Verfrachtete der Fluss 1950 1,6 Milliarden Tonnen Schlamm, so waren es in den 70er Jahren bereits 2,2 Milliarden Tonnen. Durch einige riesige Staudämme versuchte man, die Gewalt des Flusses zu bändigen – mit gemischtem Erfolg. So besaß der Staudamm des hydroelektrischen Kraftwerks Sanmenxia keine Vorkehrungen gegen den sich anhäufenden Schlamm. Die Turbinen versagten bald, der Staudamm bietet zwar begrenzten Schutz gegen Überschwemmungen, produziert aber längst keinen Strom mehr.

UNTEN
Der Bau des »Vogelnests«– so wird das Olympiastadion in Beijing genannt.

Inzwischen leben fast zwei Millionen Menschen in den Überflutungsebenen. Der Versuch, einen über 5000 Kilometer langen Fluss zu kontrollieren, gleicht einem ständigen Kampf. Wissenschaftler glauben zwar, dass die Barrikaden den sogenannten »30-Jahres-Fluten« standhalten; doch erlebte China in der Vergangenheit stets einmal pro Jahrhundert eine extreme Flutkatastrophe. Für einen solchen Fall ist wenig Vorsorge getroffen. Am Oberlauf hat man durch Aufforstung und Bepflanzung begonnen, der Bodenerosion entgegenzutreten. »Wer den Gelben Fluss kontrolliert, der kontrolliert China«, befand 2200 v. Chr. ein chinesischer Kaiser – ein Satz, der auch heute noch, mehr als 4000 Jahre später, gültig ist.

Der Himmelstempel

Das moderne Beijing mit seinen Wolkenkratzern, Fast-Food-Ketten und der hohen Verkehrsdichte scheint weit entfernt zu sein vom ehemaligen chinesischen Kernland. Aber auch hier sind einzigartige Merkmale der Han erhalten geblieben. So befindet sich mitten in der Stadt in einem über zwei Kilometer breiten Areal der Himmelstempel. 1410 errichtet, ist er eine der bedeutendsten Sehenswürdigkeiten Chinas. Da er den Himmel repäsentierte, war der Platz mehr als doppelt so groß wie die benachbarte Verbotene Stadt. Mit seinen 275 Hektar bildet er das größte kultische Areal der Welt.

Der Himmelstempel bildete das Zentrum einer ganzen Zivilisation. An jeder Wintersonnenwende begaben sich die Ming- und Qing-Kaiser als »Söhne des Himmels« in einer geheimen Prozession von der Verbotenen Stadt zum Tempel. Die Kaiser brachten dort Opfer dar und beteten für eine gute Ernte – ein Wunsch nicht ohne Risiko angesichts der Unberechenbarkeit des Gelben Flusses. Zugleich war eine gute Ernte Voraussetzung für ein reibungsloses Funktionieren des Reichs und diente der Bestätigung der Rolle und totalen Autorität der Kaiser als »Söhne des Himmels«.

TEMPELEULEN

Die Kaiser sind es heute nicht mehr, aber eine Gruppe anderer, nicht weniger charismatischer Wesen sucht die Tempel zur Wintersonnenwende auf: die Langohreulen. Jedes Jahr fliegen sie über die Große Mauer nach Süden. Einige finden Schutz in den Nadelbäumen im Umkreis des Himmelstempels. Man kann sie in den Bäumen kaum erkennen; wenn sie ruhen, strecken sie ihren Körper und ihre Ohren, ziehen ihr Federkleid zusammen und sind so von den Ästen kaum zu unterscheiden – eine Strategie, die Schutz vor Feinden bietet. Oft besetzen bis zu elf Vögel einen Baum.

Einem geübten Auge werden die Eulen, die sich ganz in der Nähe des Tempels selbst aufhalten, nicht entgehen. Sie nutzen dort die schwachen Sonnenstrahlen an der Südseite aus.

Die 40 Zentimeter großen Vögel haben ein orangefarbenes Gesicht mit einem markanten weißen Kreuz aus Federn; ihre Ohrspitzen stehen nach oben ab, so als wären sie stets auf der Hut. Während des Winters sind sie meist stumm, aber wenn ihr Ruf erschallt, ist er noch einen Kilometer weit zu hören. Wie alle Eulen sind sie hervorragende lautlose Jäger, die dank ihrer Ohren die Beute auch in tiefster Nacht orten können. In Beijing ernähren sie sich wahrscheinlich von Nagetieren wie Ratten oder Mäusen.

> Sie fliegen jedes Jahr aus den nördlicheren Landesteilen über die Große Mauer nach Süden. Einige finden Schutz in den Nadelbäumen im Umkreis des Himmelstempels.

Über Jahrhunderte hin war der Tempel der Öffentlichkeit nicht zugänglich; erst mit der Chinesischen Republik 1912 öffneten sich die Tore. Inzwischen besuchen Tausende täglich den Park, der heute eine Erholungszone in der ruhelosen Stadt darstellt.

Die Han-Chinesen schufen eine einzigartige Welt, die Tausende von Jahren Fremden verborgen blieb. In dieser Welt versuchten sie, eine Harmonie zu leben, die gegründet war auf einer Philosophie und Kunst, die nicht nur mit der menschlichen, sondern auch mit der spirituellen Welt und der Natur eine Einheit bildete. Aber mit dem Bevölkerungswachstum hat der Bedarf an Ressourcen ein kritisches Maß erreicht. In der Theorie strebten die Han-Chinesen immer nach umfassender Harmonie. In der Realität ist dieses Ziel weit schwerer zu erreichen.

Der Innenraum des aus Holz gebauten Gebets-
raums des Himmelstempels. Die vier Säulen
repräsentieren die vier Jahreszeiten; sie stützen
das Deckengewölbe – ganz ohne Nägel.

Der Kaiser pflegte hierher zu kommen, um Opfer darzubringen und für eine erfolgreiche Ernte zu beten – ein Ansinnen, das auch Risiken barg, berücksichtigt man die unberechenbare Natur des Gelben Flusses.

Nördlich der Großen Mauer

IN NORDCHINA ÄNDERN SICH DAS KLIMA, DIE GEOGRAFIE, die Menschen, die Tierwelt und das Landschaftsbild zwischen Ost und West dramatisch. Es hat nicht den Anschein, dass man sich im selben Landesteil befindet. Aber China ist kein gewöhnliches Land. Nirgends sonst auf der Welt trennt eine Mauer den Norden vom Süden. Nördlich der Mauer lebten Stämme, die die Han des chinesischen Kernlands, der Wiege der Zivilisation, die Hu nannten – die Barbaren.

Seit Tausenden von Jahren zogen diese »Barbaren« – Nomadenstämme – mit ihren Viehherden über die Ebenen und Berge, immer dem dramatischen Wechsel der Jahreszeiten folgend. Die Temperaturen können hier im Winter, wenn der Wind aus Sibirien kommt, bis auf – 52 °C sinken. Im Sommer klettern die Temperaturen bisweilen bis über + 50 °C. Die Feuchtigkeit vom Ostchinesischen Meer her sorgt im klimatisch gemäßigten Nordosten für üppige Wälder. Aber je weiter man in den Westen reist, desto trockener wird es, und man gelangt schließlich zu einigen der unwirtlichsten Wüstengebiete der Welt. Überall im Norden Chinas haben sich Mensch und Tier den rauen Bedingungen angepasst, die den Han Furcht einflößten. Hier zu überleben erfordert Einfallsreichtum und Anpassungsfähigkeit.

Winterfröste, Sommermonsun

Der höchste und berühmteste Berg in der Provinz Jilin im Nordosten Chinas befindet sich an der Grenze zu Nordkorea. Er heißt Changbai Shan, was so viel bedeutet wie »ewig weißer Berg«, und im Winter liegt er tatsächlich unter einer dicken Schneedecke. Von seinem höchsten Punkt aus, dem Baiyun-Gipfel (weiße Wolke), erblickt man Tianchi, den Himmelssee – den mit 2194 Metern höchst gelegenen vulkanischen See der Welt. Unter dem Schnee überwintern Braunbären; die meisten Vögel sind in den Süden geflogen. Es herrscht Totenstille. Aber sogar mitten im Winter, wenn die Temperaturen regelmäßig auf – 40 °C fallen, frieren die Wasserfälle und Bäche aus den Bergen nie völlig zu, dafür sorgt die Hitze der vulkanischen Aktivität.

Der Changbai Shan liegt in der Nähe des westlichen Küstenstreifens von China, weshalb er einen Teil des Jahres die feuchte Monsunluft abbekommt. Die Berghänge sind reich an Pflanzen, hier wachsen Mongolische Eichen und Zwergbirken, die im Winter ihre Blätter verlieren, und ganzjährig grüne koreanische Fichten sowie japanische Eiben. Kiwi gedeihen hier; die Region ist außerdem berühmt für eine Heilpflanze, die man vorzugsweise mit China verbindet – den Ginseng.

Sibirische Tiger gab es in den Wäldern von Changbai Shan, einige wenige treiben sich noch heute in der Gegend herum. Die beliebteste Beute sind Wildschweine. Diese urtümlichen Schweine leben in großen Gruppen zusammen, vermutlich um sich besser zu schützen, und sie sind ständig auf der Hut. Eine dicke Speckschicht hilft ihnen als Isolation gegen die Winterkälte. Sie haben feine Nasen, mit denen sie Wurzeln, Pilze und trockenes Gras aufspüren. Im Winter verspeisen sie am liebsten Walnüsse, und wenn sie eine finden, führt das regelmäßig zu Streitereien. Kleinere

SEITE 48
Kamele werden in Badain Jaran, Chinas innerhalb der Gobi gelegener drittgrößter Wüste, als Lasttiere eingesetzt.

RECHTS
Tianshan, die Himmlischen Berge – eine mächtige Mauer aus Felsen, die den südlichen Abschluss des Junggar-Beckens bildet. Die Weiden auf den Nordhängen erhalten ihre Niederschläge durch feuchte Winde aus Sibirien.

DER SIBIRISCHE TIGER

Heute ist die Situation der Sibirischen Tiger wesentlich gesicherter als die der anderen Tigerarten, zum Teil, weil die alten Waldgebiete, in denen sie leben, verhältnismäßig gut erhalten geblieben sind.

Der Sibirische Tiger ist der größte der fünf Unterarten der Tigerfamilie. Einige der männlichen Tiere bringen bis zu 300 Kilogramm auf die Waage. Die Großkatze stammt ursprünglich aus den borealen Wäldern im Nordosten Russlands, von der koreanischen Halbinsel und aus Teilen Nordchinas. Etwa 600 wild lebende Exemplare soll es heute noch geben. Im letzten Jahrhundert war die Zahl aufgrund von Wilderei, der Abholzung von Wäldern und der Jagd auf Beutetiere auf 40 gefallen. Während des Kalten Krieges war der Lebensraum des Tigers Sperrgebiet, und so erholte sich die Population allmählich. In den 90er Jahren ergriff Russland Schutzmaßnahmen gegen Wilderei. Heute ist die Situation der Sibirischen Tiger wesentlich gesicherter als die der anderen Tigerarten, zum Teil deswegen, weil die alten Waldgebiete, in denen sie leben, verhältnismäßig gut erhalten geblieben sind.

In China und in westlichen Zoos sind inzwischen mehrere Hundert Sibirische Tiger gezüchtet worden, viele davon auch für die Traditionelle Chinesische Medizin. Aber die in Gefangenschaft gezüchteten Tiere reichen nicht aus, um die Nachfrage nach Tigerknochen zu stillen. Naturschützer glauben, dass dadurch vielmehr der illegale Handel noch zugenommen hat. Nach wie vor sind die Großkatzen von Wilderern bedroht.

Vögel wie der Eurasische Kleiber folgen den Wildschweinen durch den Wald und ernähren sich von den verstreuten Resten ihrer Mahlzeiten.

Eiswelten

Die Bedrohung durch die Menschen aus dem Norden war durchaus real. Mehrfach sind diese Volksstämme in das Gebiet der Han eingefallen. Bis heute haben viele dieser ethnischen Gruppierungen überlebt und führen zumindest einige ihrer Traditionen fort. Die Hezhe, einer der kleinsten Stämme, leben im Nordosten in der

Provinz Heilongjiang und waren bis vor Kurzem noch Halbnomaden. Der Heilongjiang – der »schwarze Drachenfluss« – trennt China von Sibirien, wo er Amur genannt wird. Im Winter ist das Eis des Flusses oft bis zu 80 Zentimeter dick und kann mit Hundeschlitten oder Fahrrädern befahren werden. Für die Fischer stellt das Eis allerdings ein Problem dar. Der Fluss ist die Heimat des bis zu 225 Kilogramm schweren Störs, und manch einer der älteren Hezhe verwendet noch dessen Haut, um sich daraus Kleidung zu fertigen. Im Winter bohren die Hezhe im Abstand von 20 Metern zwei Löcher ins Eis. In eines der Löcher wird eine mit einem Stein beschwerte Schnur versenkt. In das andere Loch wird ein langer Bambusstab

OBEN
Die 81-jährige Maliya Suo vom Stamm der Ewenki ist eine von etwa 30 Menschen, die in China heute noch Rentierherden hüten.

UNTEN
Aus dem Eis des Songhua-Flusses wird eine ganze Stadt errichtet. Beim Harbin-Eisfestival sind Zehntausende 18 Tage lang damit beschäftigt.

In der Abenddämmerung beginnt der magische Teil.
Die Neonlampen in den Eisblöcken werden angeschaltet,
die Harbin-Eiswelt fängt an zu leuchten.

mit einem Haken am Ende eingeführt, mit dem dann die Schnur herbeigeholt wird. Die Fischer fädeln sodann Netze zwischen den beiden Löchern ein und warten. Große Fische gehen kaum ins Netz, nur kleinere Lachse, Forellen und Welse.

Im Nordosten Chinas nutzt man den sibirisch-kalten Winter zum Feiern. Das berühmte Harbin-Eisfestival im Januar zieht jährlich Tausende von Besuchern aus aller Welt an. Aus riesigen, aus dem gefrorenen Songhua herausgeschnittenen Eisblöcken wird eine ganze Stadt errichtet. 10 000 Menschen sind 18 Tage damit beschäftigt. Dabei werden 100 000 Kubikmeter Eis verarbeitet, einige der Monumente sind bis zu 80 Meter hoch. Der Eisskulpturenwettbewerb spornt jedes Jahr zahlreiche Künstler an. In der Abenddämmerung beginnt der magische Teil. Die Neonlampen in den Eisblöcken werden angeschaltet, die Harbin-Eiswelt fängt an zu leuchten. Der Duft von kandierten Früchten und das Geschrei der über mächtige Eishänge schlitternden Kinder erfüllt die Luft. Tausende von Kameras halten die bunte Szene fest.

Im April liegt immer noch viel Schnee in den Grenzregionen von Heilongjiang und der Inneren Mongolei. Das Nomadenvolk der Ewenki macht sich dann wieder auf in neue Waldgebiete. Die Ewenki sind der einzige Volksstamm in China, der Rentiere hütet. Rentiere benötigen große Mengen an Flechten. Da es drei bis fünf

Jahre dauert, bis Flechten sich regenerieren, müssen die Nomaden ständig weiterziehen. Das Frühjahr ist auch die Zeit, in der die Rentiere ihre Jungen gebären. Maliya Suo ist schon über 80, aber mit ihrer Familie führt sie eine Herde von etwa 400 Tieren tief in den Wald. Ein großer abgetrennter Bereich wird dort eingerichtet, in den alle trächtigen Tiere zusammengetrieben werden. Die Ewenki brauchen die Rentiere, um ihre Zelte zu tragen, aber auch als Lieferanten von Nahrung und Kleidung. Die Geweihe werden verkauft; sie spielen in der Traditionellen Chinesischen Medizin eine wichtige Rolle. Um die Zeit der Geburt herum brauchen die Rentiere aber auch die Ewenki – ein spezielles Holz, mit Kräutern umwickelt, wird angezündet, um Moskitos und andere Insekten von den neugeborenen Kälbern fernzuhalten.

Die großen Grassteppen

Eine riesige Grassteppe, ein Großteil davon in der Inneren Mongolei, überzieht Nordchina. Das Frühjahr beginnt spät in diesen nördlichen Regionen, aber wenn es kommt, dann bedeckt die Farbenpracht der unterschiedlichsten Wildblumen das Land, darunter viele, die uns als Gartenblumen vertraut sind, von Schwertlilien (Iris)

über gelbe, orange und rote Lilien bis zu feinen roséfarbenen und roten Rosen. Über die weite Grassteppe verstreut gibt es immer wieder wichtige Feuchtgebiete. In Bayanbulak, in Xinjiang, befindet sich das größte Brutareal der Welt für Singschwäne. Sie migrieren zu Zehntausenden in das abgelegene und sichere Feuchtgebiet des Schwanensee-Naturschutzgebiets. Bayanbulak ist auch die Heimat der mongolischen Nomaden. Sie achten die Schwäne als heilige Vögel und schützen sie vor Jägern und Nesträubern. Der ausgewachsene Singschwan ernährt sich von Wasserpflanzen, aber die Küken brauchen Proteine für ihre Flugmuskulatur, deshalb fressen sie Wasserinsekten und andere Wirbellose. Schon einen Monat, nachdem sie geschlüpft sind, hat sich ihr Gewicht verzehnfacht. Etwa drei Monate lang wachsen sie weiter, bis der herannahende Winter sie im Oktober in den Süden treibt.

Die Innere Mongolei ist die drittgrößte Provinz Chinas. Mitten im Sommer, wenn das Gras am saftigsten ist, feiern die Mongolen das Nadam-Fest. Die Mongolen sind hervorragende Kämpfer und Krieger. Tausende versammeln sich, um die Wettkämpfe im Bogenschießen oder Ringen zu verfolgen oder auch moderne Spiele wie Autorennen oder sogar Rugby. Die Sportart, in der alle Mongolen brillieren, ist

UNTEN
Junge Reiter nehmen teil am Nadam-Pferderennen, dem wichtigsten Ereignis des mongolischen Jahres.

das Reiten. Diese Fähigkeit seiner mongolischen Krieger ermöglichte es Dschingis Khan im 13. Jahrhundert, das größte Reich der Welt zu gründen.

Schon Fünfjährige wetteifern miteinander in Nadam-Rennen. Die Anspannung ist deutlich zu spüren. Eine richtige Startlinie gibt es in dieser weiten Landschaft nicht, es geht recht chaotisch zu. Irgendwann gibt jemand das Signal zum Start.

XANADU

Die Goldene Lotusebene der Inneren Mongolei befindet sich nur 275 Kilometer
nördlich von Beijing, doch Welten trennen sie von der Stadt. Mongolische Jurten
sind über die hügelige Landschaft verstreut, der Wind bläst sanft durch das hohe
Gras und die Wildblumen. An einer Stelle weisen die Hügel die Form eines großen
Rechtecks von neun Kilometern Länge auf: Hier liegen die vom Gras überwach-
sene Ruinen einer alten Stadt. Es ist Yuan Shangdu, die Sommerresidenz des
Kublai Khan, der in China im ausgehenden 13. Jahrhundert herrschte. Im Westen

kennt man sie als Xanadu; ein Ge-
dicht des englischen Romantikers
Samuel Coleridge hat sie bekannt
gemacht. Wenn man in den Ruinen
von Xanadu spaziert, entdeckt man
nur noch wenige Spuren des einst
mächtigen Lagers. Ein paar grüne
und blaue Tonscherben, Bruckstücke

von Dachziegeln kann man zwischen den Wildblumen entdecken. Im Zentrum der
ummauerten Stadt sieht man die Reste eines kleinen Raums, in dem Kublai Khan
1275 Marco Polo begrüßte. Die Reise von Venedig nach Xanadu hat vier Jahre gedauert, und Marco Polo verbrachte weitere 17 Jahre damit, das Leben am mongolischen Hof kennenzulernen, ehe er 1295 wieder in die Heimat reiste. 1368 war
das mongolische Reich am Ende, die große Ming-Dynastie kam an die Macht.

> Wenn man in den Ruinen von Xanadu spaziert, entdeckt man nur noch wenige Spuren des einst mächtigen Lagers.

Hunderte von Reitern jagen dann über die Grassteppe, eine Strecke von etwa
30 Kilometern, über Hügel, durch Bäche und Flüsse – das kleine, kräftige mongolische
Pferd ist hier ganz in seinem Element. Die Menge wartet an der Ziellinie auf die Reiter.
Es ist eine große Ehre, hier als bester Reiter gekürt zu werden, und das Pferd des Siegers
erhält den Ehrentitel »Stirn der Zehntausend Rennpferde«. Die weniger erfolgreichen
Teilnehmer vergießen viele Tränen, und das Kind, das als Letztes das Ziel erreicht hat,
wird der gesamten Zuschauermenge vorgeführt, die ihm ermutigend zuruft, dass es
sicher beim nächsten Mal ein besseres Ergebnis erzielen werde.

Ein Ort ohne Wasser

Der westliche Teil der Inneren Mongolei unterscheidet sich deutlich vom Osten. Die
saftigen Gräser der mongolischen Steppe verschwinden, je weiter westlich man reist,
und robustere Pflanzen und Büsche wachsen an ihrer Stelle. Dieser Teil Chinas bildet

Arjin Shan ist eines der letzten Rückzugsgebiete des wilden Kamels. In dieser abweisenden und unwirtlichen Gegend sind sie vor Jägern sicher.

Dieser Teil Chinas bildet das südliche Ende der großen Wüste Gobi, in der die extremsten Lebensbedingungen herrschen. Zusammen mit den beiden Polen ist die Wüste die am dünnsten besiedelte Region der Erde – und das im bevölkerungsreichsten Land der Welt.

das südliche Ende der großen Wüste Gobi, in der die extremsten Lebensbedingungen herrschen. Zusammen mit den beiden Polen ist die Wüste die am dünnsten besiedelte Region der Erde – und das im bevölkerungsreichsten Land der Welt.

Innerhalb der Gobi – das mongolische Wort für einen »Ort ohne Wasser« – befindet sich die abgelegene Wüstenregion Badain Jaran, in die sich kaum jemand vorwagt. Sie liegt sieben Tagesritte mit dem Kamel von der nächsten Ortschaft entfernt, die ihrerseits bereits extrem abgelegen ist. Badain Jaran ist mit 40 000 Quadratkilometern die drittgrößte Wüste Chinas, und mitten in dieser Wüste findet man die höchsten Sanddünen der Welt – fast 530 Meter hoch. Es ist sehr mühsam, über diese Dünen zu laufen, bei jedem Schritt gleitet man aus und sinkt ein. Aber wenige Handbreit unter der Oberfläche stößt man auf eine stabilere Schicht. Einigen Salz vertragenden Wüstenpflanzen gelingt es, sich zwischen den Sandpartikeln einzunisten. Sie sorgen so dafür, dass sich der Sand an diesen Stellen verfestigt und so weiteren Pflanzen Halt bietet. Im folgenden Jahr bilden sich darüber erneut

Minidünen, die fest werden und sich dann im Inneren der Megadüne verlieren. Einige chinesische Wissenschaftler glauben, dass das Zentrum der Megadünen viele Millionen Jahre alt sein könnte.

Westlich von Badain Jaran ist der Boden karg und felsig, eine Totenstille liegt in der heißen, trockenen Luft. Die wenigen Menschen, die hier leben, berichten von seltsamen Ereignissen und bizarren Kreaturen wie etwa dem »allghoi khorkhoi«, dem mongolischen Todeswurm. Der mehr als einen halben Meter lange, blutrote Wurm soll angeblich mittels elektrischer Schläge seine Opfer in einen Schockzustand versetzen und sie mit einem ätzenden Gift bespritzen. Es gibt keinen Beweis für die Existenz dieser Kreatur, aber die Bewohner schwören, dass sie den Wurm gesehen haben, obgleich darüber zu sprechen bereits Unglück bringen soll.

Der Boden ist hier zwar übersät mit Tausenden von Löchern, aber die darin lebenden Tiere sind harmlos. In Halbwüsten wie der Gobi finden sich zahlreiche Nagetiere. Tagsüber ist es oberirdisch viel zu heiß – die Temperaturen erreichen im Sommer 45 °C –, aber in der Nacht ist die Gobi voller Leben. Hamster zeigen sich im Mondlicht – es gibt hier mindestens fünf verschiedene Arten – und huschen umher auf der Suche nach der spärlichen Nahrung. Sie legen in jeder Nacht eine sehr lange Strecke zurück; ein Mensch müsste dafür etwa vier Marathonläufe hinereinander laufen. Wenn sie auf Futter stoßen, dann ist es oft reichlich, etwa ein Häufchen Grassamen, von dem sie sich dann wochenlang ernähren können. In ihren großen elastischen Backentaschen tragen sie große Mengen in ihren Bau, in dem sie oft mehr als das Hundertfache ihres Gewichts an Vorrat aufbewahren. Am frühen Morgen sind die Dünen kreuz und quer mit Tausenden von winzigen Fußspuren überzogen, Zeugnisse dieser nächtlichen Aktivität. Das ist auch die Zeit, in der Sakerfalken und Adlerbussarde die Dünen nach Spätheimkehrern absuchen.

Hamster werden normalerweise nur zwei Jahre alt, weshalb sie es sehr eilig haben, Nachwuchs zu zeugen. Bei manchen Wüstenhamstern kommen die Jungen schon 16 Tage nach der Zeugung auf die Welt – eine der kürzesten Tragezeiten bei Säugetieren. Von einigen Hamstern weiß man, dass sie an ein und demselben Tag ein Junges stillen, ein zweites gebären und mit einem dritten trächtig werden können.

Das Ende der Mauer

Im Süden der Wüste Gobi markiert eine lange Reihe von verstreuten Trümmern den Verlauf der Großen Mauer. Sie ist zusammengefallen, doch das Klima ist zu trocken, um die Lehmziegel wieder in Erde zu verwandeln. Wenn man den Resten der Mauer von der Inneren Mongolei aus weiter nach Westen folgt, gelangt man in die Provinz Gansu. Hier endet die Mauer unvermittelt an der großen Befestigungsanlage von Jiayuguan. Während der Ming-Dynastie war Jiayuguan der legendäre westliche Grenzposten, zu dem Kriminelle deportiert wurden, um von dort aus in die Wüste verbannt zu werden. An den Außentoren des Forts findet man eingekritzelt die letzten Klagen dieser Menschen. Die Konstruktion des Forts sei so sorgfältig geplant worden, so wird erzählt, dass nach Vollendung des Baus nur ein einziger von 100 000 Ziegelsteinen übrig geblieben sei. Jenseits dieses westlichen Außenpostens hielt man eine Grenze für überflüssig – die Wüste bildete eine perfekte natürliche Barriere.

Jiayuguan hinderte viele fremde Volksstämme daran, nach China vorzudringen, aber es ist auch der wichtigste Zwischenstopp an der legendären Seidenstraße, die Persien und Europa seit der Zeit des Römischen Reiches mit China verband. Phantastische Reichtümer wurden über diesen Pfad transportiert, und manch einer ist hier wohlhabend geworden – aber die Risiken waren hoch. Die Wüste jenseits von Jiayuguan war so unwirtlich, dass die Händler sie nur mit Hilfe eines ganz speziellen Tiers überqueren konnten. Vor etwa 4500 Jahren wurden die zweihöckrigen Kamele (Camelus bactrianus) vermutlich in Bactria, im alten Persien (Iran), domestiziert. Sie entwickelten sich zum wichtigsten Transportmittel. Kamele konnten jeden Tag fast 300 Kilogramm über 50 Kilometer weit tragen; lange Kamelkarawanen machten so einen umfangreichen Warenaustausch auf der Seidenstraße überhaupt erst möglich. Sie sind perfekt an das Leben in der Wüste angepasst. Breite, flache Füße verhindern, dass sie im Sand versinken. Lange Wimpern schützen die Augen vor aufgewirbeltem Sand. Doch entscheidend ist ihre Fähigkeit, mehrere Tage ohne Wasser auszukommen. Gelangt ein Kamel an eine Wasserstelle, kann es bis zu 60 Liter auf einmal trinken. Die Reise auf einem Kamel ist allerdings alles andere als komfortabel. Oft bleibt das Tier regungslos stehen und verweigert den Gehorsam. Oder es startet so plötzlich, dass man fast herunterfällt.

Die Seidenstraße hinter Jiayuguan führt in die weit ausgedehnte Provinz Xinjiang. Sehr bald wird man die Unterschiede bemerken. Xinjiang ist ein Ort der Extreme: Die Provinz nimmt mit 1,6 Millionen Quadratkilometern ein Sechstel von ganz China ein, sie verfügt über acht internationale Grenzen (Russland, Mongolei, Kasachstan, Kirgisistan, Tadschikistan, Afghanistan, Pakistan und Indien) sowie vier Provinzgrenzen (Qinghai, Gansu, Innere Mongolei und Tibet). An der Grenze zu Pakistan liegt der zweithöchsten Bergs der Welt – der 8611 Meter hohe K2 oder Qiaogeli, wie ihn die Chinesen nennen; zugleich befindet sich dort der zweittiefste Ort der Erde – der Aydingkol-See im Turpan-Becken, 154 Meter unter dem Meeresspiegel.

Weite Teile der Provinz sind sogar noch trockener als die Gobi. Die Provinzhauptstadt Ürümqi ist mit 2250 Kilometern die am weitesten vom Meer entfernte Stadt der Welt. Die Provinzbewohner sind meist Muslime, und sie sprechen Arabisch, Persisch oder eine der Turksprachen. Sie gleichen eher den Menschen des Mittleren Ostens als den Chinesen. Mindestens 14 verschiedene Ethnien leben in Xinjiang, darunter Kasachen, Kirgisen, Usbeken, Tadschiken, Russen, Tataren, Mongolen, Hui, Han, Xibo, Manchus, Dahours, Tibeter und Uyghurs, die größte Gruppierung.

Der Legende nach sind die Uyghurs Abkömmlinge aus der Verbindung eines turkischen Jungen mit einer Wölfin. Ursprünglich waren sie Schamanisten, wurden später zu Buddhisten und wandten sich im 10. Jahrhundert schließlich dem Islam

RECHTS
Das legendäre Fort Jiayuguan am westlichen Ende der Großen Mauer, im Hintergrund die Qilian-Berge. In Kriegszeiten, aber auch für die Seidenstraße bildete es den westlichen Außenposten des Reichs. Hier machten die weitgereisten Händler Station.

SEITE 67
Wanderdünen in der Taklamakan, Chinas größter Wüste. Früher hat es hier prosperierende Städte gegeben. Heute versorgt die Gegend China mit Erdöl.

zu. Lange Zeit hatten die Uyghurs hier die Kontrolle über die Seidenstraße, kannten sie doch die entlegensten Ecken und Handelswege durch ihre Provinz. Doch es gibt immer noch Orte, die selbst die Uyghurs scheuen.

Die Wüste des Todes

»Taklamakan wurde übersetzt als: »Man geht hinein und kommt nie wieder heraus.« Etwa 80 Prozent sind durch wandernde Sanddünen bedeckt, die sich bis zu 20 Meter pro Jahr bewegen. Die Taklamakan, die zweitgrößte Wanderdünenwüste der Erde, ist über 337 600 Quadratkilometer groß. Eine sich wandelnde Landschaft kann für Reisende gefährlicher sein als Hitze oder Wassermangel. Kommt man vom Weg ab, kann man seine Spuren nicht mehr zurückverfolgen. Marco Polo bemerkte über die Taklamakan: »Manchmal hören verirrte Händler von abseits der wirklichen Marschlinie das Stapfen und Gemurmel einer großen Kavalkade von Menschen, und sie folgen den Geräuschen im Glauben, dass es die eigenen Leute seien; wenn dann der Tag anbricht, müssen sie die Täuschung erkennen und finden sich in großer Not. Sogar während des Tages hört man jene Geister sprechen. Manchmal vernimmt man sogar die Töne verschiedener Musikinstrumente.«

Wenn der Wind über die Dünen pfeift, kann man tatsächlich bisweilen ein seltsames Stöhnen hören, dessen Ursprung Rätsel aufgibt. Die Wüste hat nicht nur viele Menschen das Leben gekostet, sondern auch viele der alten, an der Seidenstraße verstreuten Städte unter sich begraben. An manchen Orten ragt ein hölzerner Balken eines versunkenen Gebäudes aus dem Sand heraus. Kein Wunder, dass die Wüste als »Friedhof der Zivilisation«, »Meer des Todes« oder »Wut Gottes« bezeichnet wurde.

Die Tier- und Pflanzenwelt der Taklamakan ist jedoch überraschend reichhaltig. Einige sehr lange Flüsse, die ihr Wasser aus den fernen Bergen beziehen, fließen durch die Dünen. Wo es Wasser gibt, da gedeihen auch Pflanzen. Die Region ist berühmt für die Pappeln, die zwischen den Dünen wachsen. 93 Säugetier-, 25 Reptilien- und sogar drei Amphibienarten gibt es in der Taklamakan, doch besonders zahlreich sind die Vögel vertreten – 290 verschiedene Arten. Vögel können hier überleben, denn wenn die Bedingungen sich verschlechtern, können sie leicht zu neuen Nahrungsgründen fliegen. Der seltene Weißschwanzhäher – ein kleiner, auf dem Boden hüpfender Vogel mit großen, starken Krallen und einem langen, abwärts gebogenen Schnabel – versteckt Nahrung für Notzeiten. Wie er sich die Verstecke merken kann, obwohl die Sanddünen dauernd in Bewegung sind, bleibt ein Rätsel.

Auch Menschen haben Wege gefunden, hier zu überleben – menschliche Aktivität ist in der Taklamakan seit über 10 000 Jahren belegt. Die frühen Pioniere der Seidenstraße gründeten schon vor über 2000 Jahren Handelswege und Städte, die allerdings um das 8. Jahrhundert zugunsten der Seeschifffahrt aufgegeben wurden. Als Marco Polo im 13. Jahrhundert die Gegend bereiste, traf er auf Städte, die schon seit Jahrhunderten verlassen waren. Im 19. Jahrhundert machten sich Forscher auf die Suche nach den alten Kulturen der Seidenstraße. Heute ist die Erdölexploration die Hauptaktivität, die Wüste ist der wichtigste heimische Öllieferant Chinas.

Die Bedingungen mögen schwierig sein, aber es haben sich immer einfallsreiche Menschen gefunden, die ihnen trotzten. Tatsächlich ist die Übersetzung von Taklamakan, »man geht hinein und kommt nie wieder heraus«, die dem schwedischen Entdeckungsreisenden Sven Hedin zugeschrieben wird, falsch. In der Sprache der Uyghur bedeutet der Name »alte Heimat«.

Südwestlich der Taklamakan verschwinden die Dünen, der Boden wird hart und flach. Wir befinden uns in Lop Nur, einem der entlegensten Winkel unseres Planeten.

DRACHENKNOCHEN

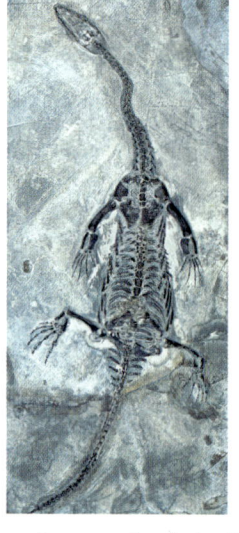

In Nordchina wurden viele der bedeutendsten und spektakulärsten paläontologischen Funde aller Zeiten gemacht. Knochen von Dinosauriern, »kong-long« (schreckliche Drachen) genannt, kannte man in China seit über 2000 Jahren – vielleicht waren sie der Ursprung der Drachenmythologie.

1921 fand man bei Zhoukoudian, in der Nähe von Beijing, Zähne, die dem »Peking-Menschen« zugeschrieben wurden. 1929 stieß man auf eine fast komplette Schädeldecke des *Homo erectus.* Das war nicht das erste *H. erectus* Fossil, aber Zhoukoudian entwickelte sich dadurch zu einem der am besten untersuchten Fundorte und trug entscheidend dazu bei, den *H. erectus* als Bindeglied zwischen uns und unseren affenähnlichen Vorfahren zu untermauern.

Der amerikanische Forscher Roy Chapman Andrews begab sich 1922 von Beijing aus auf eine Expedition in die Äußere Mongolei und entdeckte dort das erste fossile Dinosaurierei und den ersten *Velociraptor.* Er hat auf seinen Reisen oft dem Tod ins Auge geblickt und gilt als das Vorbild des Filmhelden Indiana Jones.

Die Yixian-Felsformation im Nordosten der Provinz Liaoning wird als die weltbeste Fossilienfundstätte beschrieben. Dort grub man nicht nur den *Sinosauropteryx,* einen Vorfahren unserer Vögel, aus – der wichtigste Fund seit dem *Archaeopteryx* –, sondern Fossilien nahezu aller anderen Tierarten. Die meisten wurden vor etwa 125 Millionen Jahren unter Vulkanasche begraben. Man fand hier übrigens auch das Fossil der ältesten bekannten Blütenpflanze.

In der Inneren Mongolei stieß man auf Fossilien von Flugsäugern, die den Schluss zulassen, dass Säugetiere bereits vor den Vögeln die Fähigkeit zu Gleitflügen entwickelt hatten. Der *Volaticotherium antiquus* verfügte über eine Flughaut und lebte wie die »Protovögel« vor mindestens 125 Millionen Jahren.

Auf über 100 der größten Dinosaurierfußspuren stieß man 2001 in der Provinz Gansu. Jeder Abdruck war über 1,5 Meter lang, die Schrittlänge betrug 3,75 Meter. Der Dinosaurier musste deshalb mindestens 20 Meter groß gewesen sein, und er wog etwa 50 Tonnen. Gelebt hat er vor etwa 170 Millionen Jahren.

Der älteste bekannte Vogel wurde 1983 ebenfalls in der Provinz Gansu entdeckt. Der *Gansus yumenensis* hatte Schwimmhäute an den Füßen und lebte vor etwa 110 Millionen Jahren.

Die Yixian-Felsformation im Nordosten der Provinz Liaoning wird als die weltbeste Fossilienfundstätte beschrieben. Dort grub man nicht nur den *Sinosauropteryx,* einen Vorfahren unserer Vögel, aus – der wichtigste Fund seit dem *Archaeopteryx* –, sondern Fossilien nahezu aller anderen Tierarten.

Faxian, ein Mönch aus der Jin-Dynastie, schrieb über Lop Nur in seinem Buch *Bericht von den buddhistischen Königreichen*:

»Böse Geister und heiße Winde dominieren im Sand-Fluss, wer auf sie trifft, wird sicher sterben. Es gibt keine Vögel in der Luft und keine Tiere auf dem Land … nur die bleichen Knochen der Toten markieren den Weg.«

Lop Nur ist extrem trocken und staubig und wird durchpeitscht von starken Nordwestwinden. Über Millionen von Jahren haben diese entlang der vorherrschenden Windrichtungen die gigantischen, *Yardangs* genannten Strukturen mitgeformt (das Wort kommt aus dem Uyghurischen und bedeutet »steiler Erdwall«). Genauer betrachtet gibt es Belege dafür, dass diese bizarren Gebilde zum Teil auch auf den Einfluss schnell fließenden Wassers zurückgehen. Satellitenbilder von Lop Nur zeigen viele konzentrische Ringe um die niedrigste Stelle – wegen seiner unge-

UNTEN
Wilde Baktrische Kamele in der Wüste Gobi. In den Wüsten Chinas gibt es nur noch etwa 650 Tiere (und etwa 350 in der Mongolei). Damit ist dieses Kamel inzwischen seltener als der Große Pandabär.

wöhnlichen Form »das Ohr« genannt –, was den Schluss zulässt, dass es hier einmal einen See gegeben hat. Das zwischen 770 und 220 v. Chr. verfasste *Buch der Berge und Seen* beschreibt Lop Lake als ein großes Gewässer. Dieser große Binnensee

entstand vor etwa zwei Millionen Jahren, aber eine durch Tektonik verursachte Neigung entwässerte große Teile des Sees. Über die Jahre schwankte seine Größe je nachdem, wie sich der Verlauf der Wüstenflüsse durch die wandernden Sandmassen veränderte. Im 20. Jahrhundert beeinflussten die Menschen selbst den Lauf vieler Flüsse in der Taklamakan, sodass der Lop-See 1972 endgültig austrocknete. Die Oberfläche von Lop Nur ist mit einer Schicht aus feiner Tonerde und Muschelkalk

OBEN
Ein Feld von Yardangs (hier in Yumenguan in der Provinz Gansu) – Felsgrate, erzeugt durch Sand führende, stets aus einer Richtung blasende Winde.

bedeckt. Starke Winde befördern den feinen Sand hoch in die Atmosphäre und tragen ihn Tausende von Kilometern über ganz Nordchina bis nach Beijing, 2200 Kilometer von Lop Nur entfernt, ja sogar bis an die Westküste Nordamerikas.

Die Wüsten von Xinjiang sind so weit vom Meer entfernt, dass sie nie von verdunstetem Wasser erreicht werden können. Die nächste Quelle von Feuchtigkeit wäre der Monsun des indischen Subkontinents, doch die Südgrenzen der Taklamakan,

der Himalaya und das Hochland von Tibet halten nahezu alle Feuchtigkeit ab. Dieses höllenheiße Hinterland ist das letzte Rückzugsgebiet einer vom Aussterben bedrohten Tierart – dem wilden Baktrischen Kamel. Man schätzt, dass es verstreut über Lop Nur und Teile der Wüste Gobi inzwischen weniger als 1000 wilde Kamele gibt.

Gruppen wilder Kamele wandern auf bekannten Pfaden weit entfernt von jeder menschlichen Ansiedlung durch die Wüsten. Sie müssen auf ihrem Weg auch an Wasserstellen vorbeikommen, doch wie ihre domestizierten Verwandten kommen sie viele Tage ohne Nahrung und Wasser aus. Die Tiere sind äußerst gut angepasst an das Überleben unter so extremen, trockenen und heißen Bedingungen. Man hat Kamele beobachtet, die aus den Brackwasserteichen, die für die Wüsten Chinas typisch sind, getrunken haben. Kein anderes Tier könnte so überleben. Fast nicht zu verstehen ist auch, wie ein Tier es schafft, das sich nur von dürren, ausgetrockneten Pflanzenresten und Steppenläufern ernährt, 2,3 Meter groß und 450 Kilogramm schwer zu werden. Die Baktrischen Wildkamele stehen in China unter gesetzlichem Schutz, dennoch sind sie stark durch Wilderei und den Verlust ihres Lebensraums bedroht.

Die Nördliche Seidenstraße

Die Route der Handelsleute durch die Taklamakan war als die Südliche Seidenstraße bekannt. Dieser Weg wurde häufig als zu gefährlich angesehen, sodass die Händlerkarawanen sich oft für die Nördliche Seidenstraße entschieden, die die Wüste von oben umgeht. Die Bedingungen sind hier weniger rau, die Quellen für Wasser waren zuverlässiger, aber dafür machten Banditen die Reise auf der nördlichen Route noch gefährlicher als auf der südlichen. Nördlich der Festung Jiayuguan gelangte man bald nach Dunhuang, eine kleine Stadt mit einer großen Überraschung.

Von den vielen wertvollen Importen, die vom Westen über die Nördliche Seidenstraße in diesen Ort und nach China gelangten, war einer keine Ware im üblichen Sinne – der Buddhismus. Niemand weiß, wann der Buddhismus in China Fuß fasste, aber im südlich von Dunhuang gelegenen Mogao-Tal mit seinen steilen Hängen befindet sich eine Reihe von Kliffen, hinter denen sich die bedeutendsten Buddhaskulpturen der Welt verbergen. Die früheste bildliche Darstellung des Buddhismus datiert um 336 n. Chr.; sie zeigt, wie Buddha einem Mönch als eine Gestalt aus tausend Lichtpunkten erscheint. Die fast 500 Grotten dieser UNESCO-Welterbestätte enthalten Wandmalereien, die eine Fläche von 37160 Quadratmetern bedecken und über einen Zeitraum von 1000 Jahren entstanden sind. Zwar sind 45000 dieser Wandgemälde noch immer an Ort und Stelle, viele der wichtigsten zusammen mit vielen Tausenden Manuskripten und einigen der ersten weltweit gedruckten Bücher wurden in den letzten 130 Jahren geplündert und in den Westen gebracht.

Westlich von Dunhuang verlässt die Straße die Provinz Gansu und erreicht schließlich die eindrucksvollen »Flammenden Berge«, die zum Tianshan-Massiv in der Provinz Xinjiang gehören. Diese 100 Kilometer lange Bergkette ist durch die Erzählung *Reise in den Westen* aus dem 16. Jahrhundert berühmt geworden. Darin wird berichtet, wie der Mönch Xuanzang und seine Begleiter Schweinekopf, Affe und Bruder Sand auf der Suche nach buddhistischen Schriften nach Indien pilgerten. Beim Überqueren der »Flammenden Berge« verbrannte sich der Affe das Hinterteil, weshalb bis heute – so will es die Legende – manche Affen rote Hinterteile haben.

Nicht weit davon entfernt stößt man auf den Aydingkol-See, den heißesten Ort Chinas und zugleich mit 154 Meter unter dem Meeresspiegel der zweittiefste der Erde. Das salzige Substrat wirkt dort wie Treibsand, und die schwüle Hitze erzeugt Trugbilder, die Reisende verwirren. Bei Temperaturen bis 50 °C gerät man rasch ins Delirium, am Boden wurden sogar bis zu 80 °C gemessen. Wenn man am Aydingkol-See steht, fühlt man sich wie vor einem offenen Ofen. Noch heißer wird es, wenn der Wind noch mehr Hitze aus den umgebenden Wüsten hereinbläst. Nichts bewegt

SEITE 75, UNTEN
Die Mogao-Grotten in der Nähe von Dunhuang an der Seidenstraße. Der Buddhismus kam über die Seidenstraße nach China. Diese 492 Grotten sind berühmt für ihre Wandmalereien und Statuen, die einen Zeitraum von über 1000 Jahren buddhistischer Kunst umspannen.

SEITE 75, OBEN,
Ein Wandbildnis aus einer Mogao-Grotte, das das »im Westen gelegene Paradies des reinen Landes« darstellt.

DAS GEHEIMNIS DER SEIDE

Heute wird in China Seide mithilfe modernster Technologie produziert. In einigen entlegenen Teilen der alten Seidenstraße, so in Hotan in der Provinz Xinjiang, wird das feine Tuch noch genauso hergestellt wie vor Tausenden von Jahren.

Seide besteht aus langen Proteinketten, die die Larve des Seidenspinners *Bombyx mori* zu einem Kokon verspinnt. Der Legende nach fiel vor über 5000 Jahren einmal der Kokon einer Seidenraupe von einem Baum in die Teetasse der chinesischen Prinzessin Xi Lingshi. Aus dem Faden, der sich in ihrem Teewasser aufwickelte, wurden die ersten Kleidungsstücke gewoben. Der schimmernde Glanz machte die Seide bald berühmt. In der Blütezeit des Römischen Reichs war der Stoff so beliebt, dass der Kaiser ein Dekret erließ, in dem er Seide ächtete, weil er sie mit Dekadenz in Verbindung brachte. Doch niemand hielt sich daran. Das Geheimnis der Seidenherstellung wurde sorgfältig gehütet – was zusammen mit der steigenden Nachfrage zur Eröffnung der wichtigsten Handelsroute durch Asien, der Seidenstraße, führte. Historisch war die Seidenproduktion weiter südlich im chinesischen Kernland angesiedelt. Heute wird in China Seide mit Hilfe modernster Technologie produziert. In einigen entlegenen Teilen der alten Seidenstraße wie in Hotan in der Provinz Xinjiang wird das feine Tuch noch genauso hergestellt wie vor Tausenden von Jahren.

Jeder Seidenspinner legt mehrere hundert Eier, aus denen kleine Seidenraupen schlüpfen. Diese ernähren sich von Maulbeerblättern und nehmen innerhalb von nur 50 Tagen um das 10 000-fache zu. Etwa ein Viertel des Körpers einer Seidenraupe machen die Seidendrüsen aus, mit denen die Raupe ihren Kokon aus einem bis zu 5 Kilometer langen einzelnen Faden spinnt. Vor dem Schlüpfen der ausgewachsenen Spinner werden die Kokons in kochendes Wasser geworfen. Die feinen Seidenfäden werden aufgesammelt, zu einem Faden versponnen, auf Spindeln gewickelt und schließlich zu Stoffen verwoben.

sich, hier gibt es kein Leben. Doch kaum 55 Kilometer nordwestlich des Sees befindet sich die Oasenstadt Turpan – grün, belaubt und in ganz China berühmt für ihre Trauben. Fast an jeder Straße findet man Spaliere, die die durstigen Weinstöcke stützen.

Dieser Durst wird gestillt durch ein weit gespanntes Netz von unterirdischen Wasserkanälen, »Karez« genannt, die sich Tausende von Kilometern über die ganze Region ausdehnen. Dieses von Menschen geschaffene Bewässerungssystem bezieht

OBEN
Eine Gruppe von
Kamelen mit den
Besitztümern der
nomadischen
Kasachen. Sie sind
auf dem Weg vom
Tianshan hinunter zu
neuen Weidegründen,
wo sie mit den
Schafen den Winter
verbringen.

das Wasser aus den fern gelegenen Bergen. Von dort fließt es allein aufgrund der Schwerkraft in die Wüstenstädte, und es geht dabei nur wenig Wasser durch Verdunstung verloren. Das Karez muss ständig gewartet werden, ganze Städte, ja Zivilisationen sind davon abhängig. In den letzten Jahrzehnten haben moderne Pumpen die Möglichkeit der Nutzung von Wasser erhöht; es dauert vielleicht nicht mehr lange, bis kein Wasser mehr durch die Kanäle des Karez von Turpan fließt.

Die Stadt Kashgar, wo sich die Nördliche und Südliche Seidenstraße wieder vereinen, ist der westlichste Punkt der Seidenstraße in China, ehe sie nach Zentralasien weiterführt. Kashgar wird gegenwärtig in hohem Tempo modernisiert, es bekommt so mehr und mehr ein chinesisches Gepräge, aber man darf sich davon nicht täuschen lassen: Die Stadt ist islamisch. Den Mittelpunkt bildet die Idkah-Moschee, in der sich die Muslime der verschiedenen Volksgruppen zum Gebet versammeln. Die Märkte sind voll von Feldfrüchten und Waren aus ganz China und Zentralasien; vieles ist dort noch so wie seit Jahrtausenden. Trockenobst und Nüsse, Seidentuch, handgewebte Teppiche, duftende Hölzer, Räucherwerk und wertvolle Edelsteine, Pferde und Ziegen teilen sich inzwischen den Platz mit Musik-DVDs, Baseballkappen und Computersoftware. Dieser Marktflecken war schon immer eine

Schaltstelle zwischen vielen Ländern und Kulturen. Die Karawane Marco Polos pflegte dort zu rasten. Dort wurden die Packpferde oder Yaks, mit denen die Karawane den Pamir überquert hatte, gegen wüstentaugliche Kamele getauscht. Dort wurden auch Führer angeheuert, Vorfahren der Menschen, die heute, nach 750 Jahren, noch immer ihrem Gewerbe auf den Basaren nachgehen.

Kashgar liegt zu Füßen einer Reihe wichtiger Bergketten, doch die Tianshan, die »Himmlischen Berge«, haben den größten Einfluss auf Geografie und Tierwelt der Provinz Xinjiang. Eine hohe, 300 Kilometer breite und 1900 Kilometer von Ost nach West verlaufende Felsenmauer teilt Xinjiang in zwei unterschiedliche Regionen. Im Norden bieten die Hänge des Tianshan saftige Weideflächen. In den kurzen Sommermonaten weiden hier die großen Schaf- und Ziegenherden der kasachischen Nomaden. Im Winter treiben sie ihre Herden von den Hängen des Tianshan hinunter mitten in die zweitgrößte Wüste Chinas, die Gurbantünggüt. Diese Wüste befindet sich im Junggar-Becken – dem westlichsten Teil der Wüste Gobi.

Das Junggar-Becken

Was die Wüste Gurbantünggüt von anderen Trockengebieten unterscheidet, ist die überraschende Vielfalt an Pflanzen. Obwohl das Gebiet für die Landwirtschaft völlig ungeeignet ist, wurden mehr als 100 verschiedene Pflanzenarten gezählt. Es gibt Stellen, an denen die Saxaul-Sträucher, die Wasser in ihrer dicken Rinde speichern können, dicht an dicht wachsen. Viele Tiere, darunter Kropfgazellen, mongolische Wildesel sowie eingeführte Przewalski-Wildpferde, leben von diesen Pflanzen. Dank besonderer Anpassungen gelingt es ihnen, den zähen Wüstengewächsen Nährstoffe abzugewinnen. Die Kropfgazellen trinken fast nie, ihnen genügt die Flüssigkeit, die sie über die Pflanzen aufnehmen. In der größten Hitze suchen Gazellen und Esel einen Unterstand auf. Wenn sie keinen finden, verharren sie regungslos, um Überhitzung zu vermeiden. Aktiv werden sie wieder, sobald es am Abend abkühlt.

Im Sommer sind die Nächte allerdings kaum kühler. Viele kleine Tiere werden erst nach Einbruch der Dunkelheit aktiv, darunter eine Spezies mit den relativ zum gesamten Körper größten Füßen überhaupt. Es gibt hier mindestens fünf Arten von Springbeutelmäusen (Jerboa), deren Füße bis zu viermal so lang sind wie ihre vorderen Gliedmaßen. Die Fußknochen sind zusammengewachsen und sie können damit bis zu drei Meter weit springen. Haare an den Sohlen wirken wie Sandschuhe und verhindern, dass sie beim Hüpfen im Sand versinken. Die Langohr-Jerboas sehen dabei am merkwürdigsten aus.

Diese Wüstenregion ist etwa 117 500 Quadratkilometer groß. Sie ist im Norden begrenzt durch das Altai-Gebirge, im Süden durch die Tianshan-Berge. Der Altai ist nicht annähernd so gewaltig wie sein südliches Gegenstück. Durch Lücken in der Bergkette gelangt kalte, feuchte Luft aus Sibirien in das Junggar-Becken. Wenn die Temperaturen im späten Herbst sinken, dann schneit es in der Wüste. Die meisten

Tiere sind längst verschwunden, sie überwintern entweder tief eingegraben oder sind in die wärmeren südlichen Regionen geflohen. Es kann bitterkalt werden, die Schneedecke wird am Ende in den Sand sickern und im nächsten Frühjahr den Pflanzen und Tieren das Überleben ermöglichen. Die Tianshan-Berge im Süden verhindern, dass die Feuchtigkeit aus dem Becken entweicht. Die Taklamakan-Wüste bleibt so staubtrocken, während im Junggar-Becken der Durst gelöscht wird.

Im Winter treiben die kasachischen Nomaden ihre Herden von den Bergen herunter in die schneebedeckte Wüste. Die Schafe und Ziegen finden gerade noch ausreichend Nahrung, indem sie mit ihren Hufen den Schnee wegscharren, um so

Pflanzen freizulegen. Auch die Przewalski-Pferde graben nach Fressbarem und stehen so in Konkurrenz zu den Herden der Nomaden. Im Sommer suchen sie oft einzelne Hügel auf, um eine kühle Brise zu erwischen. Im Winter jedoch wird ihr Fell dichter und dunkler und speichert so mehr Sonnenwärme. Dann suchen sie windgeschützte Schluchten auf, rücken eng zusammen, um ihre Körperwärme besser zu halten.

Das Leben der Tiere verläuft im Winter in den nördlichen Wüstenregionen Chinas sehr schwierig, aber genau das ist die Zeit, in der die Jagdsaison der Kasachen beginnt. Seit über 6000 Jahren ist die Falknerei fester Bestandteil der Kultur dieses Nomadenvolks. Junge Raubvögel werden abgerichtet, um Hasen und Steppenfüchse

Wie lange die Nomaden in Nordchina ihre traditionellen Methoden noch praktizieren können, ist schwer vorherzusagen. Aber die Tatsache, dass viele bis in unsere Zeit überdauert haben, zeugt vom freien Geist dieser Völker.

in den Hügeln zu jagen. Der 82-jährige Ziya geht noch immer jedes Jahr im Schnee auf die Jagd. Er zieht seinen mit Fuchsfell gefütterten Mantel an und setzt seinen Hut auf, um sich vor den eisigen Winden zu schützen. Ein dicker Lederhandschuh schützt seine Hand vor den Krallen und Schnäbeln der Raubvögel. Er nimmt einen Steinadler, der fast sieben Kilo wiegt und eine Lederkappe trägt, auf den Arm und reitet zu den Jagdgründen. Sie suchen einen höher gelegenen Standort auf, um die Gegend besser zu überblicken und achten dann auf jede Bewegung. Das Sehvermögen des Adlers ist dabei natürlich wesentlich besser als das Ziyas. Wenn etwas ihre Aufmerksamkeit erregt, wird der Adler losgelassen. Mit einer Geschwindigkeit von bis zu 130 Stundenkilometern stürzt er sich auf die Beute und tötet sie meist sofort. Noch ehe der Raubvogel aber daran gehen kann, seinen Fang zu zerfleischen, ruft Ziya »Ah,

UNTEN
Ein Steinadler sucht die Hänge der Taklamakan-Hügel nach Pikas, Kaninchen oder anderen Beutetieren ab. Einige Kasachen setzen wild gefangene Adler für die Jagd ein. Nach einigen Jahren werden diese Vögel stets wieder in die Freiheit entlassen.

ah«, winkt mit einem frischen Hasenfuß und holt ihn so zurück auf seinen Arm. So wird verhindert, dass das Fell des Beutetiers beschädigt wird.

Als Ziya vor vielen Jahren zu jagen anfing, kam er fast immer mit ein, zwei Füchsen nach Hause. Heute gibt es viel weniger Tiere in den Ebenen Nordchinas. Jahrzehnte der Überweidung durch das Vieh haben das Grasland geschädigt. Doch obwohl der Adler kaum noch etwas fängt, möchte Ziya, dass auch seine Enkel und Urenkel die Falknerei beherrschen. Ein Sprichwort besagt, dass die »Flügel der Kasachen« aus den besten Pferden und den wildesten Adlern bestehen. Ziyas Vogel ist nun fünf Jahre alt; er wird ihn noch weitere fünf Jahre behalten und ihn dann in die Freiheit entlassen, wo er wahrscheinlich noch 20 Jahre weiterleben wird. Die Kasachen haben ihre Vögel stets freigelassen, wohl wissend, dass die Natur sich auch

DIE PRZEWALSKI-WILDPFERDE

Der Russe Nicolai Przewalski beschrieb 1881 erstmals dieses kleine, kräftige Pferd. Es gehörte zur letzten Wildpferdeart, die man entdeckt hatte; und das letzte in Freiheit lebende Tier wurde 1969 gesichtet. Es hat eine Schulterhöhe zwischen 135 und 145 Zentimetern, die Fellfarbe variiert von Hellbraun im Sommer zu einem rötlichen Braunton im Winter. Seine Mähne ist kurz, dunkel, und struppig und weist eine dunkle Linie auf, die über den gesamten Rücken verläuft. In riesigen Herden zogen die Tiere einst über Zentralasien, aber die immer weiter vordringenden Herden der domestizierten Weidetiere verdrängte sie in unwirtliche Randzonen wie das Junggar-Becken. Einige Przewalski-Pferde wurden um 1900 nach Europa und in die USA gebracht und dort erfolgreich gezüchtet. 1992 versuchte man erstmals wieder 16 Pferde im Hustai-Nationalpark in der Äußeren Mongolei in die freie Wildbahn zu entlassen. 1986 hatte man in China mit der Zucht begonnen, 27 Tiere entließ man 2001 im Kalamaili-Naturreservat im Junggar-Becken. Mehrere Fohlen kamen inzwischen in der Wildnis zur Welt, doch die Überlebensbedingungen sind hier noch immer alles andere als günstig.

Przewalski-Pferde stehen in Futterkonkurrenz mit den Herden der Kasachen. Man fürchtete auch, dass sich die Pferde der Nomaden auf dem Weg durch Kalamaili mit den Wildpferden paaren könnten. Die Pferde waren einst ideal an das Leben in der Steppe angepasst, die im Zoo nachgezüchteten Tiere haben sich noch nicht wieder an die harten Bedingungen in der Freiheit gewöhnt. Im Winter wird deshalb zugefüttert.

Einige dieser seltenen Pferde wurden um 1900 nach Europa und Amerika gebracht und dort in Gefangenschaft erfolgreich gezüchtet. Die Art konnte so überleben.

regenerieren muss, wenn man weiter in ihr leben möchte. Die Falkenjagd ist heute in China verboten, weil viele der Raubvögel vom Aussterben bedroht sind. Aber die Nomaden im Norden Chinas leben wie eh und je im Rhythmus der Jahreszeiten. Oft sprechen sie nicht einmal Mandarin und wissen so vielleicht nicht einmal, dass diese Art der Jagd illegal ist. Wie lange die Nomaden diese traditionellen Methoden noch praktizieren werden, ist schwer vorherzusagen.

UNTEN
Przewalski-Pferde im Winterfell. Bei schlechtem
Wetter wird zugefüttert, die im Zoo aufgewach-
senen Tiere sind die harten Bedingungen des
Junggar-Beckens noch nicht wieder gewohnt.

Dieses kleine, kräftige Pferd beschrieb der Russe Nicolai Przewalski 1881 erstmals für die westliche Wissenschaft. Es war die Wildpferdeart, die man als letzte entdeckt hatte.

Das
Hochland
Tibets

3

ZU DEN ABGELEGENSTEN UND UNWIRTLICHSTEN REGIONEN DER WELT zählen sicherlich die Berge des Himalaya und das Hochland Tibets. Temperaturen von – 40 °C, Schneestürme im Sommer, extrem heiße Frühjahrsmonate, übersalzene Seen und sauerstoffarme Luft scheinen überall einem normalen Leben im Weg zu stehen. In Teilen ist die Region so abgelegen, dass man sie den »dritten Pol« getauft hat. Doch für Millionen von Menschen ist es der heiligste und magischste Ort der Welt.

Ob man den Himalaya und das Hochland Tibets aus dem Weltall oder von der Erde aus sieht, das Gebiet sprengt durch seine schiere Größe jede Vorstellungskraft. Das tibetische Hochland ist die höchstgelegene Landmasse der Erde. Sie allein ist so groß wie ganz Europa, nahezu das gesamte über 4000 Meter gelegene Festland der Erde befindet sich hier. Tibet selbst macht hier nur einen kleinen Teil aus.

Geografisch – nicht politisch – betrachtet erstreckt sich das Hochland von Tibet bis in die benachbarten Provinzen Qinghai und Sichuan. Am südlichen Rand des Plateaus grenzt es an die Berge des Himalaya. Mit einer Länge von 2900 Kilometer und einer durchschnittlichen Höhe von 5000 Meter stellen diese Berge die eigentliche Große Mauer Chinas dar. Die Bergkette des Himalaya ist die höchste der Welt, mehrere Hundert Gipfel überragen die 7000-Meter-Marke und 13 Berge sind höher als 8000 Meter, mit dem Mount Everest als dem höchsten Berg von allen. Sie stellt eine nahezu unüberwindbare Barrikade zu Nepal, Bhutan und im Süden zu Indien dar.

Erst in jüngster Zeit durften auch »Ausländer« diese Gegend genauer erforschen; sie fanden die Theorien über die Entstehung des Plateaus bestätigt. Dass man auf dem Everest Fossilien von Meerestieren findet, belegt einen der dramatischsten Momente der Erdgeschichte – den Frontalzusammenstoß zweier Kontinente.

SEITE 86
Die Wolken über dem fernen Himalaya-Gebirge im Westen von Tibet sind Vorboten von Sommerstürmen. Im Hochland sind plötzliche Wetterumschwünge häufig.

OBEN
Eine Herde von Kiang-Stuten, den tibetischen Wildeseln. Die Herde wird von einer älteren Stute zu neuen Weidegründen geführt. Während der Paarungszeit versammeln sich die Tiere in kleineren Harems um die Kiang-Hengste.

Der große Wind

Vor 100 Millionen Jahren schob sich der indische Subkontinent mit 15 Zentimetern pro Jahr nach und nach 1932 Kilometer in Richtung Asien vor. Der Zusammenstoß drückte Indien nach unten und Asien nach oben, und so entstanden die höchsten Berge der Welt. Diese wachsen auch heute noch um etwa 3 Millimeter pro Jahr. Das Gestein enthält Uran, deshalb sind die mittleren und tieferen Schichten ungewöhnlich heiß, dehnen sich aus und drücken die obere Kruste des Plateaus weiter nach oben. Das erklärt auch die Flachheit des Plateaus – es ist eine gewaltige Kruste auf einem 70 Kilometer tiefen Becken mit einst geschmolzenem Gestein.

So abgeschieden der Bereich auch ist, hat er doch einen wichtigen Einfluss auf das Klima der Erde. Im Frühjahr und Sommer erwärmt sich das Plateau wie eine riesige Heizplatte; so entsteht ein Sog, durch den wassergesättigte gewaltige Luftmassen vom Indischen Ozean herangeführt werden. Ein ganzer Kontinent profitiert vom jährlichen Monsunregen, den der Wind mit sich führt, nur das Plateau selbst hat fast nichts davon. An den Hängen des Himalaya kühlen die aufsteigenden Luftmassen ab, der Wasserdampf kondensiert zu Regen, von dem nahezu nichts mehr übrig ist, wenn der Wind die Gipfel des Himalaya erreicht. In der Folge ist das südlich der Bergkette gelegene Nepal tropisch und grün, während das im Regenschatten der Berge liegende Tibet jährlich weniger als 46 Zentimeter Niederschlag abbekommt.

Das Grasland der Pika

Die Hochebene Tibets wirkt auf den ersten Blick karg, denn das Leben spielt sich unter der Erde ab. Man muss nur Geduld haben und eine Stelle lange genug beobachten, dann wird man erleben, wie dort ein wenig Erde in die Luft geschleudert wird – und gleich darauf der kleine haarige Kopf eines tibetischen Pika erscheint. Dieser kleine Verwandte der Hasen und Kaninchen spielt eine Schlüsselrolle in der Ökologie der Hochebene. Die unterirdischen Höhlen der Pikafamilien bieten auch anderen Tieren Zuflucht. Hähermeisen oder Tibetische Schneefinken bauen darin ihre Nester oder nutzen sie, um sich vor dem Wind zu schützen. Auch Reptilien suchen darin Zuflucht, besonders im Winter. Die Pika sind ständig am Graben, damit lockern sie die Erde auf und belüften sie, sodass Pflanzen leichter Wurzeln schlagen können. Ohne eine solche Vorarbeit würden hier nur wenige Pflanzen überleben. Diese Pflanzen dienen den Argali-Schafen, den

Die schätzungsweise 1,5 Milliarden Pika vertilgen jährlich so viel frisches Gras wie 20 Millionen tibetische Schafe ... aber ohne die kleinen pelzigen Farmer gäbe es vielleicht überhaupt kein Weideland.

größten Schafen der Welt mit ihren korkenzieherartigen Hörnern, und den Kiangs, wilden Eseln, die über die Ebene ziehen, wiederum als Nahrung.

Das Pika ist selbst ein schmackhafter Teil der Nahrungskette – das Gewölle der Sakerfalken und der Hochlandbussarde besteht zu 90 Prozent aus den unverdaulichen Resten der Kleinsäuger. Auch der Tibetfuchs wartet oft geduldig, bis ein Pika sein Köpfchen aus dem Bau streckt. Der tibetische Braunbär hat diese Zeit nicht, wenn er sich ein Fettpolster für den Winterschlaf anfressen muss; er versucht deshalb, die Pika direkt auszugraben. Doch Pika außerhalb ihrer Höhlen sind so flink, dass sie einem schwerfälligen Bären oft entwischen können.

Wenn einem so viele Beutejäger nachstellen, dann ist es kein Wunder, dass die durchschnittliche Lebenserwartung eines Pika gerade mal 120 Tage beträgt. Und heute kommt noch ein weiterer Feind hinzu: Pikas fressen Gras und sie bauen kleine Heuhaufen als Futtervorrat neben ihren Bauten. Die schätzungsweise 1,5 Milliarden Pikas verzehren dabei jährlich so viel Gras wie 20 Millionen Schafe. Viele Bauern meinen deshalb, dass sie zu viel Weideland zerstören, und versuchen sie auszurotten. Aber ohne die kleinen pelzigen Farmer gäbe es vielleicht gar kein Weideland.

Schlangen und heiße Quellen

Dass es unter der Hochebene noch immer brodelt, wird auch an der Oberfläche durch die vielen heißen Quellen mit ihren schwefligen Dämpfen deutlich. Doch sogar diese scheinbar lebensfeindliche Umgebung bleibt nicht ungenutzt. Die Hot Spring Snake (Heiße-Quellen-Schlange, *Thermophis baileyi*) findet man nur an diesen heißen Quellen in Tibet, in 4300 Metern Höhe. Sie ist ein Relikt aus der Zeit

OBEN
Als Schutz gegen die Kälte besitzt der Tibetfuchs ein extradickes Fell. Er durchstreift ständig die Hochebene auf der Suche nach Pika, seiner Grundnahrung.

RECHTS
Ein männliches Argali-Schaf – die größte Schafart der Welt – und ein Weibchen (rechts) bleiben auf Distanz. Die Böcke werden wegen ihrer Hörner häufig gejagt, sie sind deshalb Menschen gegenüber sehr misstrauisch.

vor der Kollision mit der indischen Platte, als die Ebene noch tiefer lag. Die Schlange übersteht die Kälte nur, weil sie sich in der Nähe der heißen Quellen aufhält; sie ist weltweit das einzige Reptil, das in solchen Höhen überlebt.

Die Schlangen sind harmlos, ja geradezu neugierig; sie kriechen sogar nahe an Menschen heran, um sie genauer sehen zu können. Sie leben in Gruppen, ver-sammeln sich oft zu Dutzenden an den Bächen und Flüssen, die von den heißen Quellen gespeist werden, um sich aufzuwärmen. Sobald sie sich aufgewärmt haben, gleiten sie in das flache Wasser und warten regungslos, den Kopf über Wasser. Ab und zu gleitet eine in die Strömung, um einen Fisch oder einen Frosch zu erbeuten.

Dank der heißen Quellen überleben auf einem Areal von knapp 600 Quadrat-metern etwa 50 Schlangen. In der kalten Jahreszeit müssen sie allerdings unter der Erde überwintern. Sie scheinen kaum Feinde zu haben – sieht man von dem einen oder anderen Raubvogel ab. Die größte Gefahr sind vermutlich die Yaks, wenn sie zum Trinken kommen und mit ihren Hufen durch das Wasser stapfen. Immer mehr heiße Quellen werden allerdings zu touristischen Attraktionen und Badeanlagen umfunktioniert, weshalb die Zukunft der Schlangen ungewiss ist. Im Warm-wasserbereich eines buddhistischen Klosters sind sie geschützt, die badenden Mönche stört ihre Anwesenheit nicht.

Der große Yak

Es ist weitgehend dem Yak zu verdanken, dass die Menschen auf dem »Dach der Welt« überhaupt existieren können. Was das Kamel in der Wüste, das ist der Yak für das Hochland Tibets. Wie das Kamel, so ist auch der Yak an seine Umwelt ideal angepasst. Er dient den Menschen als Transporttier und Nahrungslieferant – für Butter, Milch, Käse, Joghurt und Fleisch (getrocknetes Yakfleisch hält sich mona-

telang). Seine Haut liefert das Leder für Stiefel, das grobe äußere Haarkleid wird im Zeltbau verwendet, das weichere innere Haar wird zu warmen Decken verwoben. Der Dung dient nicht nur als Dünger, sondern auch als Brennstoff. In einem Land, in dem nichts verschwendet werden kann, spielt sogar der Schwanz des Yak eine Rolle: Er wird bei buddhistischen Zeremonien eingesetzt.

In den 1950er Jahren kam man auf die scheinbar brillante Idee, Flachlandrinder mit den Yaks zu kreuzen, um so eine höhere Milchproduktion zu erzielen. Innerhalb von nur zwei Jahren starben allerdings die meisten dieser Tiere an der Höhenkrankheit. Es ist deshalb umso bemerkenswerter, wie agil und stark sich dagegen der zuverlässige Yak erweist. Er vermag 70 Kilogramm über 5000-Meter-Pässe zu tragen, er wahrt sein Gleichgewicht auch an steilen Stellen, watet durch reißende Bergbäche und hüfthohen Schnee. Wer je in diesen Höhen unterwegs war, weiß, wie ermüdend das bloße Gehen sein kann. Doch der Yak ist hier in seinem Element – so sehr, dass er in Regionen unterhalb von 3000 Metern für Krankheiten anfällig wird, die es in den Höhen gar nicht gibt.

Sein Erfolgsgeheimnis sind mächtige Lungen in einem vergrößerten Brustkorb – 15 Rippenpaare im Vergleich zu den 13 bei Kühen. Yaks haben auch dreimal so viele rote Blutkörperchen und eine höhere Hämoglobinkonzentration für die effektivere Aufnahme von Sauerstoff. Yaks schnaufen deshalb tief und rasch, sie hören sich an

OBEN

Ein wilder Yak – es gibt davon nur noch wenige kleinere Populationen in entlegenen Regionen des Plateaus. Zum Schutz vor der extremen Kälte verfügt der Yak über eine dichte, untere Fellschicht und eine langhaarige, zottelige dunkelbraune bis schwarze obere Fellschicht. Beide Geschlechter tragen Hörner, die Hörner der Bullen sind dabei deutlich länger.

wie kleine Dampflokomotiven, sie muhen nicht, sondern grunzen, daher werden sie von den Einheimischen auch »grunzende Ochsen« genannt.

So eindrucksvoll der Yak als Haustier ist, sein wilder Artverwandter stellt ihn noch in den Schatten. Mit einer imposanten Schulterhöhe von zwei Metern und mehr als 800 Kilogramm ist der wilde Yak ein furchterregender Riese, der auch schon domestizierte Yaks getötet haben soll. Herden mit bis zu 200 Tieren leben in den abgeschiedeneren Winkeln von Changtang, der weiten Wildnis im Norden Tibets, und legen große Entfernungen in der alpinen Tundra auf der Suche nach Flechten und Moosen zurück. Meist sind sie schwarz, doch es gibt eine kleine Gruppe von goldenen Yaks in der Gegend des Aru-Beckens von Changtang.

Es ist unglaublich schwierig, sich wilden Yaks zu nähern. In der weiten Ebene wird man bereits in 5 Kilometer Entfernung wahrgenommen, worauf die Tiere 20 Kilometer weiter fliehen. Während der Brunstzeit, wenn die Bullen miteinander kämpfen, kann es auch sein, dass sie stehen bleiben, den Schwanz aufrichten und damit aggressiv wedeln. Wer ihnen zu nahe kommt, den greifen sie dann auch an.

Wie viele andere Tiere der Hochebene, so wurden auch die wilden Yaks durch Jäger stark dezimiert. Ihr Niedergang beschleunigte sich noch mit dem Aufkommen motorisierter Fahrzeuge, dank derer die Jäger auf dem gefrorenen Winterboden tief in das Yak-Land vordringen konnten. Innerhalb von 30 Jahren waren die Yaks von Changtang nahezu ausgerottet. Heute hat sich die Anzahl etwas erhöht, auf schätzungsweise 15000 Tiere. Im Vergleich dazu gibt es 12 Millionen Hausyaks.

Das Einhorn von Tibet

Reisende brachten im Mittelalter edle Hörner mit, die die Legende von den Einhörnern Tibets inspirierten. Es waren tatsächlich aber die Hörner des Chiru, der tibetischen Antilope – die vielleicht noch ungewöhnlicher ist als das Fabeltier. Der Chiru ist allerdings keine Antilope, er ist vielmehr verwandt mit dem Takin und der Bergziege Nordamerikas. Das männliche Tier wird etwa einen Meter groß, sein Kopf ist gekrönt durch zwei extrem lange Hörner (72 cm). Die Chiru durchstreifen ganzjährig bei jedem Wetter die Hochebene Tibets.

Unglücklicherweise sollte es gerade diese extreme Anpassung an das raue Klima sein, die im letzten Jahrhundert zur fast völligen Ausrottung der Tiere führte. Das Fell der Chiru besteht aus zwei Schichten: einer dichteren äußeren und einer feineren inneren Schicht mit Fellhaaren, die nur ein Fünftel der Stärke eines menschlichen Haares haben. Dieses leichte, weiche und feine »Shahtoosh«, »Königin der

UNTEN
Ein männliches Chiru, erkennbar an seinen langen Hörnern, mit Weibchen und Kalb. Chiru sind Menschen gegenüber sehr scheu, da sie fast bis zur Ausrottung gejagt wurden – nicht wegen ihrer Hörner, sondern wegen ihres zarten, dichten Unterfells. Dieses liefert die wärmste Wolle der Welt, die zu extrem teuren Shahtoosh-Schals verarbeitet wird.

Wolle« genannt, ist die wärmste Wolle der Welt; sie erzielt weltweit hohe Preise. Fünf Chiru müssen sterben für nur einen Schal aus Shahtoosh-Wolle, der umgerechnet mehr als 12 000 Euro kosten kann.

Noch vor 100 Jahren gab es Millionen dieser Tiere. Doch die Nachfrage nach Shahtoosh war so groß, dass jährlich 20 000 Tiere getötet wurden. 1975 wurde der Handel mit dieser Wolle zwar verboten, die Nachfrage besteht aber noch immer. Der Einsatz ist hoch, und es ist fast unmöglich, das abgelegene Gebiet, in dem die Chiru leben, wirksam zu kontrollieren.

1992 gründete der Tibeter Sonam Dhargye die Wild Yak Brigade – eine Gruppe von Freiwilligen, die sich dem Schutz der Chiru widmeten. Sie waren durchaus erfolgreich, bis 1994 Sonam beim Versuch, 18 Wilderer mit ihren 2000 Chiru-Fellen festzunehmen, getötet wurde. Sein Schwager Dakpa Dorjee übernahm daraufhin die Führung. Innerhalb von vier Jahren gelang es der Gruppe, weitere 250 Wilderer zu stellen. Im November 1998 wurde auch Dakpa erschossen. Sonam und er wurden zu nationalen Helden, ihre Geschichte lieferte das Drehbuch für den viel beachteten Film *Kekexeli*. Zwischen 1990 und 1998 haben chinesische Beamte 17 000 Chiru-Pelze, 1100 Kilogramm Chiru-Wolle, 300 Gewehre und 153 Fahrzeuge beschlagnahmt. Eine spezielle Einheit, die Kekexeli District Protection Administration, rekrutiert sich aus früheren Mitgliedern der Wild Yak Brigade.

Man kann auch heute noch größere Chiru-Herden entdecken, besonders im Winter, wenn die männlichen Tiere sich um die Weibchen scharen und ihre spektakuläre Brunst beginnen. Die Köpfe und Beine der Männchen werden in dieser Zeit dunkler. Die männlichen Tiere kämpfen um die Herrschaft über etwa 20 Weibchen, ihre Hörner verkeilen sich dabei ineinander; einige der Tiere werden so schwer verletzt, dass sie sterben. Für Wölfe und Schneeleoparden sind die schwachen und verletzten Tiere eine willkommene Beute.

Nach der Brunstzeit verlassen die männlichen Tiere die Weibchen; erst im Herbst, vor der nächsten Brunst, schließen sie sich wieder der Herde an. Die Weibchen wandern bis zu 300 Kilometer weit, immer auf der Suche nach Schutz und Nahrung für sich und die Kälber. Gegenwärtig gibt es vier Populationen von Weibchen, von denen jede eine andere Region zum Kalben bevorzugt. Die Herden begeben sich allerdings oft nicht direkt dorthin – diese Umwege sind ein Erbe der Eiszeit, sie werden von Generation zu Generation überliefert. Die 2006 fertiggestellte Qinghai-Tibet-Eisenbahn durchkreuzt eine dieser Routen; die Behörden bauten an dieser Stelle eine Brücke. Erste Berichte deuten an, dass der Plan funktioniert. Noch ist offen, ob die Chiru und die Eisenbahn wirklich miteinander auskommen.

Lange Zeit wusste man nichts über die Rückzugsgebiete der Chiru. In jüngster Zeit wurden sowohl in der Provinz Qinghai als auch im Naturreservat Arjin Shan Lop Nur Regionen entdeckt, wo die weiblichen Chiru im Sommer ihre Kälber aufziehen. In diesen Regionen gibt es wenige Raubtiere, zumal die Wölfe selbst in dieser Zeit in ihren Höhlen mit der Aufzucht ihrer Jungen beschäftigt sind und

SEITE 98/99
Herden weiblicher Chiru sind unterwegs zu ihren Sommergebieten, wo sie ihre Kälber zur Welt bringen. Niemand wusste bis vor Kurzem, wo sich diese Gebiete befinden.

RECHTS
Tibetische Wölfe versuchen einen Kiang zu reißen – was nur gelingen kann, wenn sie zu zweit jagen. Normalerweise halten sich Wölfe an junge und kranke Tiere. Biswelen töten sie auch Vieh, weshalb sie von den nomadischen Viehhirten verfolgt werden. In den Kiangs sehen die Hirten Fresskonkurrenten ihres Viehs, allerdings sind die Tibetesel gesetzlich geschützt.

deshalb den Chiru auf ihrer Wanderung nicht folgen können. Dennoch ist die Sterblichkeit unter den Kälbern groß; etwa die Hälfte der Jungtiere überleben nicht einmal den ersten Monat. Nur ein Drittel schafft es bis zum zweiten Lebensjahr. Der Wild Yak Brigade ist es unter anderem zu verdanken, dass die Anzahl der Tiere nicht mehr in dem Maße zurückgeht wie zuvor. Der Chiru steht symbolisch für das Hochland Tibets; er wurde deshalb als eines der Maskottchen der Olympischen Spiele von 2008 auserwählt.

Himmelsbegräbnis

Geier finden auf der Hochebene ideale Bedingungen vor. Dank der Thermik gleiten sie wie mühelos durch die Lüfte. Die großen Bartgeier mit einer Flügelspannweite von fast drei Metern scheinen schwerelos über allem zu schweben, während die kleineren eurasischen Greife die Gegend ständig auf der Suche nach Fressbarem umkreisen. Kreisende Geier deuten nicht notwendigerweise auf einen toten Yak. Ein ganz anderes Mahl könnte bereit liegen. In Tibet ist es Tradition, dass der Körper eines Verstorbenen zerteilt und den Geiern überlassen wird. Nicht-Tibeter werden selten Zeugen dieses geheimen und heiligen Ereignisses. Im Glauben an die Wiedergeburt gilt der irdische Leib als bedeutungslos, weil ihn die Seele längst verlassen hat.

Im Drigung-Kloster in Tibet beginnt die Zeremonie damit, dass die Mönche um den Leichnam herum singen und dabei Wacholder verbrennen. Der Tote wird dann auf einen flachen Felsen gelegt und dort von den »rogyapas«, den Körperbrechern, zerteilt. Dabei wird gelacht und geredet – für die Mönche ist der Körper nur ein leeres Gefäß. Die kreisenden Geier landen in der Nähe und warten auf ihr Mahl. In anderen Kulturen gelten Geier oft als schmutzige Aasfresser. Die Tibeter respektieren die Vögel, weil sie nicht töten. Das tibetische Wort für Begräbnis bedeutet »den Vögeln Almosen geben«. Durch diese Gabe verspricht sich der Spender Vorteile bei der Wiedergeburt. Allerdings ist es praktisch unmöglich, einen Leichnam zu beerdigen oder zu verbrennen – der Boden ist viel zu hart und das Holz zu wertvoll. Im Himmelsbegräbnis ist das Praktische mit dem Spirituellen perfekt vereint.

Schneeleoparden

Wie kein anderes Tier symbolisiert der Schneeleopard die abgeschiedene, raue Lebenswelt Tibets. Nur selten bekommt man ein Tier zu Gesicht – kein Wunder, lebt er doch in den oft unzugänglichen Höhen zwischen 3000 und 5400 Meter. Die schneebedeckten, schroffen Felsen und tiefen Abgründe scheinen als Jagdrevier für ein großes

OBEN
Ein Bartgeier kreist in den Lüften und hält Ausschau nach Kadavern – nicht nur von Tieren. Knochen bricht er, indem er sie auf Felsen fallen lässt. Mit seiner speziellen Zunge kann er dann an das Knochenmark gelangen.

RECHTS
Eine Schneeleopardin, Sinnbild dieser hohen, abgelegenen Weltgegend, hat ein Blauschaf gerissen und sich damit den Bauch vollgeschlagen. Schneeleoparden werden noch immer von den Bauern gejagt, sie gelten als Bedrohung für das Vieh.

Raubtier ungeeignet zu sein. Die furchterregende Großkatze wird bis zu 2,3 Meter lang und 54 Kilogramm schwer. Sie hat kurze, kräftige Vorder- und lange Hinterbeine, sodass sie mit dem oft unberechenbaren Terrain gut zurechtkommt. Ihr gepunktetes Fell bietet Tarnung und hält sie perfekt warm – die Fellhaare sind am Bauch fast 12 Zentmeter lang. Mit ihren großen, schneeschuhartigen Pfoten und einem Schwanz, der fast so lang ist wie der ganze Körper, kann sie auch in steilem, unsicherem Gelände die Balance halten. Der Schwanz dient zugleich als zusätzlicher Kälteschutz: Wenn der Leopard ausruht, wickelt er ihn wie einen Schal um seinen Körper. Wie die anderen großen Tiere der Hochebene hat auch der Schneeleopard einen vergrößerten Brustkorb und vergrößerte Lungen, um in der dünnen Höhenluft mehr Sauerstoff aufnehmen zu können. Er benötigt ein großes Jagdrevier, in dem er reichlich Nahrung finden kann – in manchen Regionen sind es bis zu 1000, in anderen nur 30 Quadratkilometer. Murmeltiere und Blauschafe (Bharal) sind seine bevorzugte Beute; um sie zu erlegen, springt er oft bis zum Sechsfachen seiner Körperlänge. China verfügt vermutlich über die größte Schneeleoparden-Population der Welt, Schätzungen gehen von 2000 bis 5000 Tieren aus. Das unwirtliche Hochland Tibets ist für sie ein ideales Territorium. Die meisten Tiere leben im Bereich des Kyirong-Tals im Süden.

Obwohl Schneeleoparden in China unter besonderem Schutz stehen, werden sie wegen ihres Fells und ihrer Knochen noch immer gejagt. Die Knochen finden in der chinesischen Medizin Verwendung, sie bringen Hunderte von Dollars – zumal sie jetzt schwerer zu bekommen sind. Gelegentlich reißen die Leoparden auch Schafe, wenn sie keine andere Beute mehr finden können. Das trifft besonders zu für Weibchen mit Jungen, die in der Folge oft von den Bauern getötet werden. Im vergangenen Jahrzehnt hat man sich in mehreren Projekten um einen Ausgleich zwischen den Bedürfnissen der Wildtiere und den Interessen der Menschen bemüht. Man beruft sich auf die tibetisch-buddhistische Tradition, um zu verhindern, dass die Leoparden wegen ihres Fells getötet werden. Im Umkreis der meisten Klöster gibt es einen heiligen Schutzbereich für die Wildtiere, in dem die Jagd verboten ist.

Mutter des Universums

1852 berechnete der indische Mathematiker Radhanath Sikdar die Höhe eines mächtigen entfernten Bergs, der als Gipfel XV bekannt war. Vor Ehrfurcht erstarrte er über sein Ergebnis – mit 8839 Meter war es der höchste Gipfel der Erde. Der offizielle Landvermesser der Briten in Indien konnte keinen lokalen Namen für den Berg ausfindig machen, deshalb benannte er ihn nach seinem Amtsvorgänger, Oberst George Everest. Im Tibetischen hatte der Berg schon viele Namen – Devgiri, Devadurga und Qomolangma, was auf Deutsch »Mutter des Universums« bedeutet.

Unter welchem Namen auch immer, als der Berg schlechthin fasziniert er die Menschen in der ganzen Welt und hat wie ein riesiger Magnet zahllose Bergsteiger angezogen. 1923 wurde der britische Bergsteiger George Mallory nach seinen Beweg-

gründen gefragt, weshalb er solch einen abschreckend hohen Gipfel besteigen wolle, um den permanent Stürme bei Temperaturen weit unter 0 °C peitschen und auf dem das Atmen ohne zusätzlichen Sauerstoff nahezu unmöglich ist. Seine berühmte Antwort lautete: »Weil er da ist.«

Bis heute flößt der Mount Everest Bergsteigern trotz moderner Ausrüstung noch immer Respekt ein. Günstig für einen Aufstieg sind die Monate April/Mai, wenn die Windstärken vor dem Monsun am niedrigsten sind. Zwei Hauptrouten führen zum Gipfel – die Südostroute von Nepal aus, die Hillary für seinen erfolgreichen Aufstieg 1953 genutzt hatte, und die Nordostroute, die in Tibet beginnt. Mallory wählte für seinen unglücklichen dritten Versuch die Nordostroute, die am Rongbuk-Kloster anfängt, dem höchstgelegenen Kloster der Welt. Es herrscht noch immer keine Einigkeit darüber, ob Mallory 1924 tatsächlich den Gipfel erreicht hat. 1999, nach 74 Jahren, fand man seinen im Eis konservierten Leichnam in 8040 Meter Höhe. Er liegt noch immer dort. An irgendeiner anderen Stelle wird seine Kamera im Eis begraben sein, die vielleicht den Beweis liefern könnte, ob er den Gipfel erreicht hat oder nicht. Seit Mallorys tragischer Expedition hat der Berg noch viele Opfer gefordert – fast 200 Bergsteiger, von denen viele im Eis begraben liegen, bis sie einst vom Khumbu- oder Rongbuk-Gletscher zu den Basislagern befördert werden.

FLIEGENDE TIGER AUF MÜCKENJAGD

Sie können bis zum 30-fachen ihrer Körpergröße springen und sind so erfolgreiche Jäger, dass die Chinesen ihnen den Namen »Fliegende Tiger« gaben.

Als Mallory mit seinem Team 1924 auf dem Everest die Höhe 6700 Meter erreichte – höher war damals kein Mensch je gestiegen –, fanden sie etwas, womit sie diesen Rekord teilen mussten. Zu ihren Füßen entdeckten sie springende Spinnen. Es wurde vermutet, dass der Wind sie aus den tieferen Tälern hierher geblasen hatte, man konnte sich nicht vorstellen, wovon sie leben könnten. Und doch stieß man auch 1954 am selben Ort erneut auf sie. Tatsächlich ist die Spinne *Euophrys omnisupertes* das Lebewesen, das die höchsten Regionen der Erde bewohnt. Sobald es aufklärt und die Luft sich erwärmt – 33 °C sind keine Seltenheit –, kriechen die Spinnen aus ihrem Felsunterschlupf hervor, um zu jagen. Zwei ihrer acht Augen sind groß, damit suchen sie die Hänge ab nach vom Wind hochgetragenen Fliegen oder Springschwänzen. Sie können bis zum 30-fachen ihrer Körpergröße springen und sind so erfolgreiche Jäger, dass die Chinesen ihnen den Namen »fliegende Tiger« gaben.

LINKS
Der Rongbuk-
Gletscher entspringt
auf 5500 Meter Höhe
auf dem Mount
Everest. Wie alle
Gletscher der Region
schrumpft er, was mit
hoher Wahrschein-
lichkeit auf die
globale Erwärmung
zurückzuführen ist.

Doch auf welcher Route auch immer, ab 7200 Meter beginnt die gefürchtete »Todeszone«. Hier wird die Luft so dünn, dass die meisten Bergsteiger nicht ohne
zusätzlichen Sauerstoff auskommen. Der Everest wurde auch ohne zusätzlichen
Sauerstoff bestiegen – Reinhold Messner gelang dies 1980 –, aber das ist die Aus-
nahme. Die dünne Luft ist das Hauptproblem – der Luftdruck auf dem Gipfel ist
gerade mal ein Drittel so hoch wie auf Meereshöhe, und so ist zum Atmen auch nur
ein Drittel des Sauerstoffs verfügbar. Das Risiko der Höhenkrankheit beginnt in
Höhen ab 3000 Meter, in Extremfällen führt sie zu tödlichen Hirnödemen.

1996 wurde der Höheneffekt durch ein außergewöhnliches Naturereignis noch
verschlimmert, man sprach vom »Tag, als der Himmel auf den Everest stürzte«. An
einem scheinbar ruhigen Tag kam plötzlich ein Sturm auf, als die Luftmassen zweier
Jetströme den Berg in hoher Geschwindigkeit passierten. Diese drückten die Stratos-
sphäre und der Luftdruck sank dramatisch – so als wäre der Berggipfel noch 500 Meter
höher. Der Sauerstoffgehalt fiel rapide ab, acht Bergsteiger starben. Doch das hält
niemand davon ab, den Berg zu besteigen, dessen Höhe heute mit 8850 Meter ange-
geben wird – 11 Meter mehr als der einst von Sikdar im Jahr 1852 errechnete Wert.

Supergänse

Der Name Streifengans, der auf die beiden Streifen aus dunkleren Federn im Kopf-
bereich zurückgeht, sagt nichts darüber aus, welch beachtliche Leistung diese Vögel
vollbringen. Indem sie sich von den Jetströmen tragen lassen, die mit 322

Stundenkilometern über den Everest jagen, fliegen ganze Schwärme von ihnen während ihres jährlichen Zugs in die südlich des Himalaya gelegenen Winterquartiere hoch über der sauerstoffarmen »Todeszone« der Bergsteiger. Im Frühjahr fliegen sie zurück, um auf der Hochebene Tibets zu brüten. Ein kräftiger aerodynamischer Körper und große Flügel ermöglichen Fluggeschwindigkeiten von 80 Stundenkilometern, bei Rückenwind sogar noch mehr. Während des Flugs werden sie wärmer, sodass die Flügel nicht erfrieren. Ein Netzwerk von Luftsäcken in den Lungen sorgt mit jedem Atemzug für einen Gegenluftstrom, sodass die Luft zweimal geatmet wird. Ihr Hämoglobin absorbiert den Sauerstoff besonders schnell und die Kapillaren sind so dicht verzweigt, dass das Blut rasch zu den Muskeln gelangt. Zusätzliches Myoglobin in den Muskeln kann den Sauerstoff länger speichern – das erklärt die tiefrote Farbe des Gänsefleisches.

Im Vergleich zu anderen Vögeln ist die Leistung der Streifengänse atemberaubend – sie fliegen im Durchschnitt 7500 Meter höher. Die Frage stellt sich hier, warum sie ihre Körper auf ihrem Flug auf die Hochebene Tibets und zurück diesen extremen Belastungen aussetzen. Vor dem Zusammenstoß der beiden Erdplatten, durch den das Plateau und das Gebirge entstanden sind, war Tibet vermutlich eine grüne Landschaft und ideal für die Aufzucht von Jungtieren, besonders für all jene Tiere, die vor dem von Süden herannahenden Monsun flohen. Die Gänse fliegen mit Sicherheit noch immer dieselben Routen, jede Generation gibt die Information an die nächste weiter, auch als sich unter ihnen die Berge erhoben.

HEILIGE KRANICHE

Im sumpfigen Umland der Seen des Hochlands kann man im Frühjahr einige der größten und eindrucksvollsten Vögel bei ihren Balztänzen beobachten. Paarweise verbeugen sich die Schwarzhalskraniche voreinander, springen in die Luft, schlagen mit den Flügeln, strecken die Köpfe nach hinten, richten die Schnäbel himmelwärts und singen einander zu. Die Kraniche überwintern in den niedrigeren Höhen um Lhasa, wo sie die Felder der Bauern nach übrig gebliebenem Hafer absuchen. Im Frühjahr kehren sie in die höher gelegenen Sümpfe zurück, um zu brüten. Man kann Vogeleltern beobachten, wie sie stolz voranschreiten und ihren neugeborenen Küken sanft zurufen, ihnen auf der Suche nach Fischen oder Fröschen zu folgen.

70 Prozent aller Schwarzhalskraniche leben und brüten im tibetischen Hochland. Wegen der schwierigen Umstände war es die letzte Kranichart, die von der Wissenschaft beschrieben wurde, obwohl die Tibeter den Vogel kannten. Im 17. Jahrhundert schrieb der 6. Dalai Lama:

> »Weißer Kranich, leih mir deine Flügel,
> Ich fliege nicht weiter als Lithang,
> Und von dort, kehre ich wieder zurück.«

Die Tibeter glaubten, dass er den Ort seiner Reinkarnation vorhersagte. Und natürlich kam der 7. Dalai Lama 1708 in Lithang zur Welt. Kein Wunder, dass der Schwarzhalskranich als heiliges Tier gilt. Wer einen Kranich tötet, dem droht deshalb eine Gefängnisstrafe.

Siebzig Prozent der Schwarzhalskraniche weltweit leben und brüten im tibetanischen Hochland. Diese Kranichart haben die Wissenschaftler zuletzt entdeckt.

Heute hat sich das Land nördlich des Himalaya völlig gewandelt; aber aus der Sicht der Gänse gibt es auf der Hochebene noch immer eine Vielzahl von attraktiven Brutplätzen – Seen, so den Manasarovar, den höchstgelegenen Süßwassersee der Welt, Serling Tso im Changtang und den Qinghai, Chinas größten Salzwasserbinnensee. Im Mai, wenn die Gänse ankommen, dann bieten diese reichhaltig Pflanzen, Krustentiere und laichende Fische. Zu ihrem gegenseitigen Schutz bauen die Gänse ihre Nester

UNTEN
Ein Tibeter in seinem mit Yakhaut bespannten
Boot auf dem Yarlung, dem längsten Fluss
Tibets, der am Berg Kailash entspringt und vom
Plateau aus nach Indien als Brahmaputra fließt.

Vier große Flüsse entspringen in dieser Region, die anfangs in die vier Himmelsrichtungen fließen. Es sind dies einige der wichtigsten und längsten Flüsse Asiens – der Indus, der Sutlej, der Yarlung und der Karnali.

nahe beeinander. Eine Gans legt drei bis vier Eier, aus denen nach 30 Tagen die Jungen schlüpfen – für tibetische Füchse ein gefundenes Fressen, auch wenn die Eltern versuchen, ihre Brut zu verteidigen. Doch die weit größere Bedrohung ist heute die Vogelgrippe, der Tausende von Vögeln in den letzten Jahren zum Opfer fielen. Die Brutseen von Qinghai und Tibet stehen unter Quarantäne.

Magische Raupen

Der Frühling und der Sommer sind kurz in Tibet, weshalb Menschen und Tiere in dieser Zeit viele Aktivitäten entfalten. In einigen Gegenden trifft man auf Tibeter, die hoch konzentriert das Grasland absuchen. Gelegentlich beugt sich einer vor und gräbt vorsichtig etwas aus der Erde, das wie eine braune Wurzel aussieht, und legt es in seinen Korb. Es wird peinlich darauf geachtet, die etwa 10 Zentimeter lange »Wurzel« nicht zu brechen. Bis zu 40 kann ein Sammler an einem Tag finden, das entspricht seinem halben Jahreseinkommen.

Das ist »yatsa gunbu« – die seltsamste Ernte der Welt. Aus dem Tibetischen übersetzt, bedeutet der Name »Sommergras, Winterwurm«, eine treffende Bezeichnung. Der Winterwurm ist die Raupe der Weißen Geistermotte, die bis zu fünf Jahre braucht, bis sie sich verpuppt, und in dieser Zeit Gras- und andere Wurzeln frisst, so viel sie davon bekommen kann. Kurz vor der Verpuppung der Raupen wachsen seltsame 5 bis 10 Zentimeter lange Stängel aus der Erde. Es sind dies die reifen Fruchtkörper des Pilzes *Cordyceps sinensis*, die Millionen winzige Sporen freisetzen, die der Wind über das Grasland verteilt. Ziel der Sporen ist die Raupe der Geistermotte. Kommt eine Spore in Kontakt mit der Raupe, wächst sie in deren Körper hinein, befällt das Gehirn und sorgt dafür, dass sich die Raupe vergräbt, als ob sie sich verpuppen wollte – nicht ganz so tief allerdings wie bei der eigentlichen Verpuppung.

OBEN UND LINKS
Auf der Suche nach den Fruchtkörpern *Cordyceps sinensis,* die aus den Wirtsraupen herauswachsen. 5 Gramm des Pilzes sind das Äquivalent von 50 Gramm Ginseng.

Ein Netz von Hyphen, fadenförmigen Pilzzellen, ernährt sich nun vom Raupenkörper, bis dieser nur noch eine leere Hülle darstellt. Unter bestimmten Umständen entwickelt der Pilz nun einen Fruchtkörper, der aus dem Horn oberhalb der Augen der mumifizierten Raupe herauswächst, bis er aus dem Boden ragt, um den ganzen Kreislauf erneut zu beginnen – weitere Raupen zu infizieren. Es sind diese Fruchtkörper, die den Sammlern den darunter verborgenen mumifizierten Reichtum signalisieren.

Die Tibeter erkannten die Eigenschaften der »yatsa gunbu«, als ihnen auffiel, dass ihre Yaks mehr Kraft und Ausdauer entwickelten, wenn sie die Fruchtkörper gefressen hatten. In der Traditionellen Chinesischen Medizin wurde das Mittel seit Tausenden von Jahren eingesetzt, doch nur die Reichen konnten es sich leisten. Der Kaiser nahm es im 2. Jahrhundert v. Chr., weil er sich Ausdauer und ein langes Leben davon versprach. Es wurde gegen Tee und Seide eingetauscht und brachte das Vierfache seines Gewichts in Silber. Die magische Arznei soll den Körper stärken, Erschöpfung bekämpfen, ja sogar bei Erektionsstörungen und vorzeitiger Ejakulation helfen.

Die Fruchtkörper sind inzwischen leichter erhältlich. 1993 wurde sie von chinesischen Sportlern eingesetzt, mit erstaunlichen Resultaten: Zwei Athletinnen liefen neue Weltrekorde auf 10 000, 3000 und 1500 Metern. In Untersuchungen wurde festgestellt, dass *Cordyceps sinensis* die Atmung erleichert und den Blutdruck der Athletinnen senkt. Heute plant man, das Mittel in größerem Umfang kommerziell zu nutzen – schlecht für die Raupen und die Zukunft der traditionellen Ernte.

Der heiligste aller Berge

Die Landschaft und die Lebewesen der Hochebene haben den Buddhismus Tibets beeinflusst, doch die magische Wirkung dieser Region reicht weit über die Hochebene hinaus. Die Hindus in Indien glauben an einen legendären Platz, den sie den Berg Meru nennen – einen gigantischen Berg, der seine Nachbarberge weit überragt. Er soll vier Seiten haben, die aus Kristall, Gold, Rubin und Lapislazuli bestehen. Seinem Gipfel entspringen vier Flüsse, die in die vier Himmelsrichtungen fließen. Meru ist

UNTEN
Das mythische Zentrum der Welt – Meru – scheint im Berg Kailash, dieser mächtigen Pyramide aus Eis und Fels, Gestalt anzunehmen.

nicht nur das Zentrum der Welt, sondern auch das letzte Ziel der Seelen, denn Schiwa, der Gott der Zerstörung und des Wiederaufbaus, wohnt auf dem Gipfel. Ist dies wirklich nur eine mythische Fabel oder verbirgt sich mehr dahinter?

Es gibt in Tibet einen Berg, auf den die Beschreibung des Meru ziemlich genau zutrifft. Es ist der Kailash, der mit 6638 Metern all seine Nachbarn deutlich überragt. Der Name bedeutet »wertvolles steinernes Juwel«. Die vier Seiten dieser Pyramide aus Fels und Eis sind fast vollkommen symmetrisch und glatt, als wären sie künstlich von Menschenhand geschaffen. Die Seiten zeigen ziemlich genau in die vier Himmelsrichtungen, und vier Flüsse entspringen in dieser Region, die anfangs den Hauptrichtungen des Kompasses folgen. Die vier Flüsse – der Indus, der Sutlej, der Yarlung und der Karnali (Ghaghara), ein großer Zufluss des Ganges – gehören zu den längsten und wichtigsten Flüssen Asiens. Kein Wunder, dass der Kailash als ein heiliger Ort verehrt wird.

Nicht nur die Hindus, sondern auch die Jains verehren den Berg. Sie glauben, dass der Gründer ihres Glaubens dort ins Nirwana erlangt sei. Für die Buddhisten wohnt dort Demchok, eine Verkörperung von Schiwa, der höchste Glückseligkeit repräsentiert. Die Bons, Anhänger des schamanistischen Kults, der in Tibet lange

vor dem Buddhismus verbreitet war, halten ihn für den Sitz aller spirituellen Macht. In Anerkennung dieses außergewöhnlichen Status wird der Berg nie bestiegen – als Spanier 2001 einen Versuch ankündigten, kam weltweiter Protest auf, der sie schließlich von ihrem Vorhaben abbrachte.

Der Berg lässt niemanden kalt. Vier Tage dauert die beschwerliche Fahrt von Lhasa aus bis in die unwirtlichen westlichen Randgebiete Tibets. Wracks von Last- und Geländewagen liegen verstreut auf dem Weg. Für Tibeter ist jede Pilgerfahrt eine Reise von der Unwissenheit zur Erleuchtung, weg von materialistischen Äußerlichkeiten hin zur alles miteinander verbindenden, lebendigen Natur. Das Wort für Pilgerfahrt, *neykhor*, bedeutet »einen heiligen Ort umkreisen«. Zwischen 1959 und 1980 waren solche Pilgerreisen in China verboten, aber mit der Öffnung des Landes strömen jedes Jahr wieder zahllose Pilger zum Kailash. Sie stammen nicht nur aus Tibet, sondern auch aus dem chinesischen Kernland sowie aus Nepal, Indien und vielen anderen Ländern. Die meisten kommen zum Saga Dawa, dem Fest der Geburt, des Todes und der Erleuchtung Buddhas, das wichtigste Ereignis im Jahreslauf am Kailash. Es wird bei Vollmond im vierten Mondmonat des tibetischen Kalenders gefeiert – etwa Mitte Juni.

Die Pilger versammeln sich am Fuß des Berges um einen 24 Meter hohen Mast, der durch zahlreiche Seile aufrecht gehalten wird. Diese Seile sind mit bunten Gebetsfahnen geschmückt, die im Wind flattern und so ihre Gebete zum Himmel schicken. Am ersten Tag des Fests umrundet der ranghöchste buddhistische Mönch – der Lama –, lautstark begleitet von Trommeln, Becken und Hörnern, langsam den Mast. Am Fuß des Masts hält er inne, betet und spricht Segnungen aus. Danach lässt man den Pfahl wie einen gefällten Baum zu Boden fallen. Sofort reißen die Pilger die alten Gebetsfahnen ab, am wertvollsten gelten dabei die, die der Spitze am nächsten sind. Nachdem alle Fahnen entfernt sind, werden die neuen befestigt, die die Pilger mitgebracht und mit ihren Gebeten und Botschaften versehen haben.

Am zweiten Tag zeigt sich der neu geschmückte Pfahl in frischer Farbenpracht. Unter Musikbegleitung, aufgeregten Rufen der Menge und Segnungen des Lama wird der Pfahl langsam aufgerichtet. Immer wieder hält man inne – der Mast muss gerade ausgerichtet sein, sonst ist es ein schlechtes Omen für Tibet. Nach einigen sorgfältig koordinierten Anstrengungen der zuständigen Teams steht er schließlich gerade. Mächtiger Applaus erschallt, die Fahnen am Mast flattern wieder im Wind. Buddhisten, Bons, Jains und Hindus singen, tanzen und beten. Zahllose, auf farbigem Papier geschriebene Gebete, sogenannte »Windpferde«, werden in die Luft geworfen und vom Wind auf den heiligen Berg getragen.

Es fällt nicht schwer zu glauben, dass dort wirklich Schiwa auf diese Botschaften wartet. Die Pilger machen sich nun auf den Weg, den Berg zu umrunden – eine 52 Kilometer lange, beschwerliche Tour. Wer besonders fit ist, schafft die Route an einem Tag, doch die wirklich Frommen bewegen sich nur bäuchlings auf Händen und Knien voran. Die meisten erreichen vier Tage später die andere Seite des Bergs, zwar müde und abgerissen, aber in Hochstimmung, haben sie sich doch soeben von all ihren Sünden befreit. Das Saga Dawa Fest wird seit mehr als 1000 Jahren gefeiert. Eine seltene Eintracht zwischen den verschiedenen Religionen herrscht an diesem Ort, den die Gläubigen als das Zentrum der Welt ansehen.

Der Yarlung Tsangpo fließt östlich des Kailash, bahnt sich einen Weg abseits der Hochebene, wird aber dann von den Bergen blockiert. Es ist Tibets längster Fluss, der nach 2000 Kilometern auf den Namcha Barwa stößt, den höchsten Berg im östlichen Himalaya. Hier ist die Bergwand des Himalaya endlich durchbrochen, der Fluss gräbt sich nach Süden durch die Tsangpo Schlucht, mit 5382 Metern die tiefste Schlucht der Welt und zugleich eine der längsten. Durch die Schlucht donnert der Yarlung talwärts und erreicht schließlich Indien als der heilige Fluss Brahmaputra.

Am Nordrand des Hochlands Tibet entspringt auch der Gelbe Fluss, der hinunterfließt in die Ebene Nordchinas – der Geburtsstätte der chinesischen Zivilisation. Zu den weiteren Flüssen, deren Quellen sich in den Gletschern und Seen der Hochebene befinden, gehören der Mekong, der Salween und der Jangtse – zehn der bedeutendsten Flüsse der Welt, die 47 Prozent der Weltbevölkerung versorgen. Kein Wunder, dass diese himmlischen Höhen so geachtet und als so wertvoll angesehen werden.

RECHTS
Selten ist das Wetter so klar, dass man in die Tsangpo-Schlucht blicken kann, die so tief ist, dass drei Grand Canyons in ihr Platz finden würden. Hier in dieser großen Kurve befreit sich der Fluss aus der Gebirgskette, stürzt durch üppige vom Monsun geprägte Täler nach Indien.

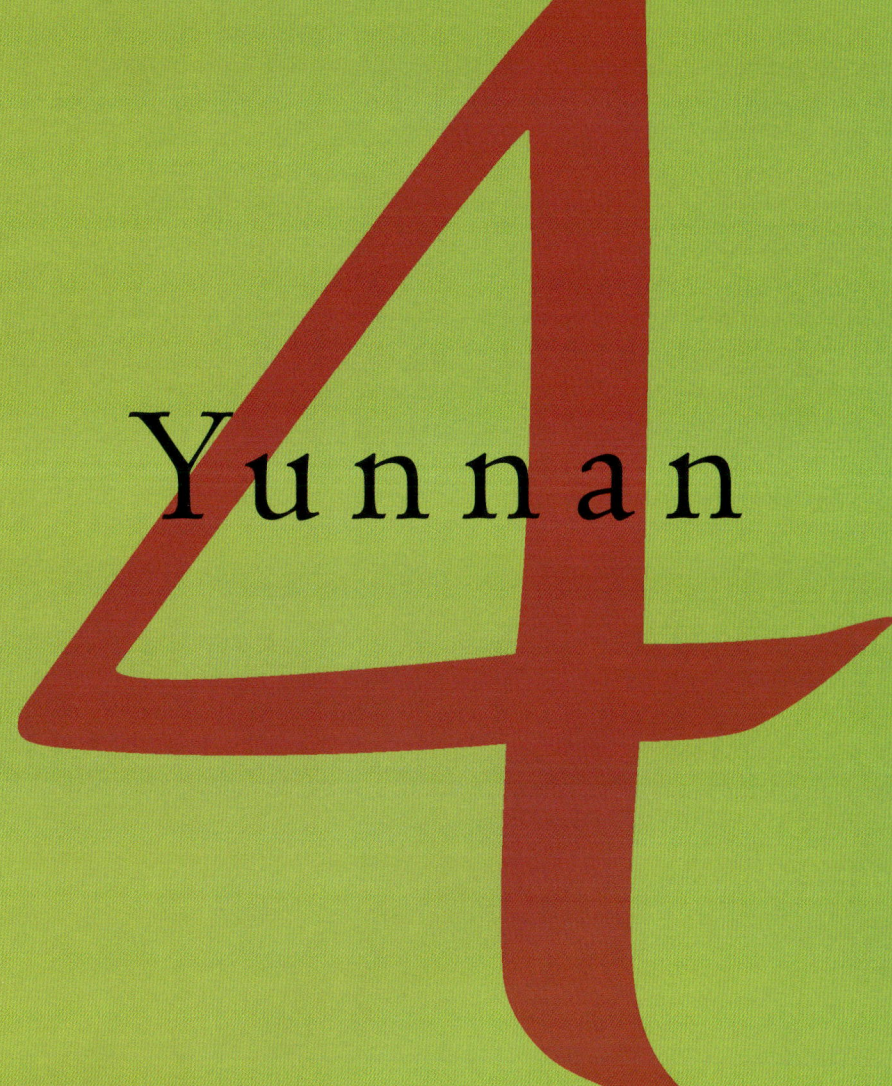

Yunnan

IN EINEM ABGELEGENEN WALDREICHEN TAL IM SÜDWESTEN
Chinas windet sich der frühe Morgennebel um die Bäume und vom Himmel erklingt
das ferne Echo der Vogelrufe. Die Sonne geht auf, Lichtstrahlen durchdringen das
dichte Blätterdach und tauchen alles in verschiedene Grüntöne; Dunstwolken steigen
vom Boden auf. Plötzlich schließt sich ein neuer Ton dem Chor der Geräusche an – ein
Laut, der einem die Haare zu Berge stehen lässt. Die unheimlichen Rufe einer Familie
von Weißwangen-Schopfgibbons baut sich langsam zu einem Crescendo auf. Jeden
Morgen markieren diese höhnischen Rufe von den Höhen der Bäume herab die
territorialen Ansprüche einer Gibbon-Familie, und im ganzen Tal stimmen andere
Gibbons in dieses Konzert ein.

Man muss viele Tage bis zu den entlegensten Wäldern marschieren, um diesen
Gesang zu hören. Dass es diese Primaten in China gibt, mag zunächst überraschen,
bis man sich klarmacht, dass die südwestliche Provinz Yunnan in Südostasien liegt
und dass dort die Reste der ältesten tropischen Regenwälder der Welt zu finden sind.

Jau! Jau! Nachtgibbons schreien.

Sanft, sanft, mischen sich die Morgendünste.

Kommen ihre Stimmen von weit her? Aus der Nähe?

Schau dir nur die hoch ragenden Berge an.

Sie mochten den Gesang der östlichen Hügel.

Ich warte nun auf die Antwort der westlichen Felsen.

SHEN YUEH (441–513 N. CHR.)

Im Süden von Yunnan überbrücken bewaldete Hügel die Grenze zu den tropischen Ländern Laos und Vietnam. Kleine Herden asiatischer Elefanten überqueren diese Grenzen auf Pfaden, die wahrscheinlich ihre Vorfahren schon seit Hunderten von Jahren benutzt haben. Entlang der Ostgrenze vereinen sich die dichten Wälder mit denen von Burma. Gegen Norden erstrecken sich die Wälder über eine hügelige Landschaft bis in die Hochlandterritorien. Die südlichen Hügel von Yunnan liegen zwar jenseits des Wendekreises des Krebses, seine nördlichen Grenzen gehören bereits zum Himalaya – eine Barriere von frostigen, unüberwindbaren, mehr als 6000 Meter hohen Gipfeln. Die zwei Welten Yunnans, das etwa vier Prozent des chinesischen Territoriums umfasst und das in seiner ganzen Länge von gewaltigen Flüssen durchschnitten wird, sind so unterschiedlich wie nur irgend denkbar.

Schneeaffen

Der schneebedeckte Gipfel des heiligen Bergs Kawa Karpo in Tibet markiert den nördlichsten Bereich von Yunnan. Diese fast 7000 Meter hohe Pyramide aus Eis und Schnee ist die Krone des Hengduan Shan. Die Winde Tibets peitschen über alpine Hänge hinunter in die darunter gelegenen Fichten- und Lärchenwälder. Im Winter, zwischen November und März, ist es in den Höhen über 3000 Meter sehr kalt, aber

OBEN
Ein Blick auf einige der letzten wilden Elefanten Chinas. Einst zogen Elefanten durch das ganze Land sogar bis nach Beijing, heute gibt es sie nur noch in den in der Nähe der Grenze zu Burma gelegenen Naturreservaten in Yunnan. Die gesamte Population wird nur noch auf etwa 250 Tiere geschätzt.

extrem trocken. Es schneit selten in den Wäldern an diesen Hängen, aber wenn es einmal schneit, dann sind es heftige Schneestürme, die innerhalb von wenigen Stunden gewaltige Schneeverwehungen auftürmen. Dies ist das Reich des »Schneeaffen«, so nennen die hiesigen Lahu den stumpfnasigen Affen Yunnans. Die Affen leben in Höhen zwischen 3000 und 4500 Metern. In diesen Höhen enthält die Luft bereits wenig Sauerstoff, und Menschen laufen hier Gefahr, die Höhenkrankheit zu bekommen. Das ist zugleich die Baumgrenze, und es gibt fast keine Weiden; doch hier findet man große Horden von Stumpfnasen – einige mit fast 300 Individuen. Das Überleben dieser sozial eingestellten Affen hängt wiederum von einem anderen Höhenspezialisten ab, einer Flechtenart, die in bartartigen Fetzen in Höhen über 4000 Metern von den Ästen der Lärchen hängt. Die Affen ernähren sich im Winter zu mehr als 70 Prozent von diesen Flechten.

Diese hochspezialisierten Affen gibt es nur auf den höchsten Hängen dieser wenigen Berge sowie jenseits der Grenze in Tibet – in Teilen der Bergkette BAi Ma Xue inmitten der Hengduan Berge. Das Leben in solchen Höhen kann extrem hart sein, besonders wenn im Winter die Nachttemperaturen unter −30 °C fallen. Dass die Affen hier gestrandet sind, hat mit den geologischen Ereignissen zu tun, die bestimmend für diese Gegend waren.

Drei der größten Flüsse Asiens – der Jangtze, der Mekong und der Nu Jiang (Salween) – entspringen der Hochebene des Himalaya und durchschneiden Yunnan

RECHTS
Kawa Karpo (der Meili-Schneeberg), der höchste Berg in Yunnan und der Gipfel des Hengduan-Shan-Gebirges. An der Nordgrenze zu Tibet gelegen, ist er der zweitheiligste Berg für die Buddhisten, Anziehungspunkt vieler Pilger aus China und Tibet.

UNTEN
Der Stumpfnasenaffe von Yunnan. Diese Art entwickelte sich, nachdem ihre Vorfahren auf der Bergkette Bai Ma Xue des Hengduan-Gebirges vor etwa 50 Millionen Jahren isoliert wurden.

in Nord-Süd-Richtung. Ihre Schluchten – drei der tiefsten der Welt – erstrecken sich, kaum 30 Kilometer voneinander entfernt, parallel. Der Verlauf dieser Flüsse wurde vor 50 Millionen Jahren durch dieselben Prozesse, die den Bai Ma Xue Shan hochdrückten, festgelegt.

Indien war einst eine Insel, der hohe Teil einer tektonischen Platte, die sich langsam nordwärts auf einem Kollisionskurs mit Asien bewegte. Als die beiden Landmassen aufeinandertrafen, wurde das Sedimentgestein des Meeresbodens nach oben geschoben, der Himalaya im Norden um fast zehn Kilometer. An den Rändern dieser Kollision formte und faltete sich Yunnan, und Reihe um Reihe von gewaltigen parallelen Bergketten entstanden. Der amerikanische Geograf Pete Winn vergleicht diese mit dem Faltenwurf eines Tischtuchs, das man mit der Hand verschiebt. Die Falten vor der Hand sind die tibetischen Berge, die Verwerfungen rechts entsprechen den Hengduan-Bergketten.

Das Ereignis dauert Millionen von Jahren und führte zu dramatischen Veränderungen. Yunnan wurde in Streifen voneinander isolierter Regionen zerschnitten (Hengduan bedeutet »durchtrennen« auf Chinesisch), die Tier- und Pflanzenpopulationen trennten. Sowohl die schneebedeckten Berge als auch die tiefen Schluchten mit ihren Flüssen wirkten als Barrieren. Als sich die Bergkette Bai Ma Xue Shan zwischen dem Mekong und dem Nu Jiang (dem Salween-Fluss) langsam erhob, wurden die Vorfahren der stumpfnasigen Affen von einer anderen Population stumpfnasiger Affen abgeschnitten. Mit der Zeit passten diese sich an ihr Territorium an und entwickelten sich zu einer eigenen Art.

Paradies für Pflanzenjäger

Nur wenige Höhenmeter können zu dramatischen Veränderungen der Bäume und der Pflanzen des Unterholzes führen, weshalb die unglaublich große Bandbreite der Hengduan-Bergehänge in der Höhe und im Klima endlose Diversifikationen hervorbrachte. Die Region ist ein Paradies für Botaniker. Das ganze Frühjahr und den Sommer hindurch präsentieren sich die Berg-hänge durch die Blütenfolge der Pflanzen als ein Far-benmeer. In den Wäldern zeigen verschiedene Rhododendrenarten ihre leuchtend roten, roséfarbenen, gelben oder fluoreszierend-weißen Blüten. Das Blätterwerk ist nicht weniger vielgestaltig, von zarten kleinen silbrigen Blättern mit einem feinen Haarflaum zu auffällig breiten, intensiv grünen Blättern wie in den Tropen. Die Blüte der alpinen Azaleen und

UNTEN
Der berühmte blaue Mohn *Meconopsis betonicifolia* des Himalaya wurde 1886 von dem katholischen Geistlichen Père Delavay in Yunnan entdeckt. 1926 wurde sie zu einem Sensa-tionserfolg bei engli-schen Gärtnern, nachdem der Forscher und Botaniker Frank Kingdon-Ward einige Samen erfolgreich zum Keimen gebracht hatte.

Kamelien in den Höhenlagen des Dali Chan Shan, am Sundende der Hengduan Shan, ist in ganz China berühmt.

Es gibt sehr viele endemische Arten. Etwa 700 Arten von Blütenpflanzen, darunter Primeln, Enziane, Anemonen, Clematis, Magnolien und Lilien, finden sich nur in dieser Gegend – viele davon kennen wir als Kulturpflanzen unserer Gärten. Tatsächlich stammen viele unserer beliebten Gartenpflanzen aus Yunnan.

In den 1930er Jahren bescherte uns der Roman *Der verlorene Horizont* von James Hilton einen der großen Mythen der Moderne – Shangri-La, einen sagenumwobenen utopischen Ort in den Bergen, an dem die Zeit still steht. Seine Inspiration bezog er aus den Aufzeichnungen der großen Pflanzenjäger des frühen 20. Jahrhunderts. Diese exzentrischen botanischen Forscher suchten in den Tälern von Yunnan das Abenteuer und neue Pflanzen. Man betrachtete diesen Teil von China als rechtsfreies Territorium, das von wilden Volksstämmen bewohnt wurde, von denen einige, wie die Wa, sogar Kopfjäger waren. Auf ihren Reisen durch extrem schwieriges Gelände kamen die Forscher in Täler, die noch kein Außenstehender je betreten hatte. Sie erduldeten viele Strapazen, trafen auf neue Kulturen und mussten sich gegen Banditen behaupten. All die Mühe wurde belohnt durch die Entdeckung der reichsten Flora der gemäßigten Klimazone.

Die Abenteuer von Joseph Rock, eine Art Indiana Jones der Botanik, sind am besten dokumentiert. Rock war ein aufbrausender Einzelgänger, der die Geschichten

OBEN
Tief wachsende Rhododendren auf den Hängen der Meili-Berge, denen viele heutige Gartenpflanzen entstammen.

über seine Heldentaten und neuen Erfahrungen an die National Geographic Society schickte. In seinem Buch *The Great River Trenches of Asia* von 1925 beschreibt er seine phantastischen Reisen über haarsträubend hohe Pässe, wie er in Schneestürme geriet und am Tag darauf in Wälder voller Blutegel. Als erster Westler durchquerte er die heute weltberühmte Tigersprungschlucht, in seinen Augen die schönste Schlucht Yunnans. Als er den Gebirgskamm bestieg und nach Burma blickte, traf er auf Lisu-Krieger mit ihren Giftpfeilen. In der Nacht, so berichtet er, benutzten sie Feuerkracher aus Bambus, um die Tiger fernzuhalten.

Ein junger Jäger aus Tibet am Ufer des Mekong, 1923 von Joseph Rock foto-grafiert – eines von Hunderten von Bildern, die er von den Menschen der in Yunnan lebenden Stämme angefertigt hat.

Wie die Charaktere in Hiltons Roman begeisterte Rock sich für Yunnan. Ihn faszinierten die Volksstämme und hier besonders die Naxi aus dem ganz in der Nähe der Tigersprungschlucht gelegenen Lijiang. Fast 30 Jahre verbrachte er mit ihnen, studierte ihr Leben und ihre ani-mistische, matriarchalische Kultur. Er beherrschte bald ihre bildhafte Sprache und mithilfe schamanistischer Priester, der »dogbas«, übersetzte er viele der historischen Überlieferungen. Als sich Yunnan in den 1930er und 1940er Jahren dem turbulenten China öffnete, war er überzeugt, dass die Naxi-Kultur nicht überleben würde.

Die andere große Hinterlassenschaft der Expeditionen der Pflanzenjäger war die Entdeckung eines immensen Reichtums an neuen Baum- und Kräuterarten sowie Blütenpflanzen auf den Hängen im Norden Yunnans. Die Sammlungen, die sie nach Hause schickten, waren enorm. Rock schickte Tausende Arten von Pflanzen an botanische Institutionen in Amerika. Der schottische Botaniker George Forrest, der die Gegend um 1900 erkundete, sandte mehr als 31 000 Pflanzenmuster an den Königlichen Botanischen Garten in Edinburgh. Bei einer seiner Expeditionen in Yunnan wurde er von tibetischen Kriegern angegriffen. Seine Begleiter wurden alle getötet, er selbst entkam nur knapp, stolperte ins Tal hinunter und wurde dort von den Lisu versteckt. Wenig später begann er wieder Pflanzen zu sammeln.

Forrest hat mehr als 50 neue Arten von Primeln, Lilien, Enzian, Kamelien, Clematis, Iris, Jasmin und viele anderen, heute gängigen Gartenpflanzen entdeckt. Im Gedächtnis geblieben ist er hauptsächlich wegen der Rhododendren, von denen er etwa 300 gesammelt hat, darunter den *Rhododendron forrestii*, eine bodendeckende Art mit großen roten Blüten, und *R. clementinae*, die er nach seiner Frau benannte.

Yunnan ist ein »Epizentrum der Evolution« von Rhododendren und Azaleen. Etwa 465 Arten sind dort heimisch: von den bis zu 30 Meter hohen Rhododendren-bäumen, die nur in den abgelegensten Wäldern wachsen, zu den bodendeckenden Matten von farbenprächtig blühenden Azaleen, die man heute in vielen Felsengärten der westlichen Welt findet. Das feuchte gemäßigte Klima im Hochland von Yunnan ist dem Klima in Teilen Europas nicht unähnlich, weshalb die Entdeckungen der Pflanzenjäger wie Joseph Rock, George Forrest, Frank Kingdon-Ward und Ernest Wilson heute in den Gärten rund um den Globus erblühen.

Wald voller Reichtümer

Auf seiner Reise nach Westen durch das Tal des Jangtse bis zum Mekong und schließlich nach Ju Jiang hat Joseph Rock vermutlich die gesamte klimatische Bandbreite Yunnans erleben können. Beim Abstieg ins Nu-Tal bemerkte er im Oktober 1924 einen dramatischen Unterschied zwischen der dort herrschenden dämpfigen Hitze und dem kühl-trockenen Klima im Hochland der Bergkette Bai Ma Shan, die er wenige Tage zuvor verlassen hatte. Von den drei Flusstälern ist Nu Jiang das bei Weitem üppigste. Sein tiefer Graben verläuft zu Füßen des imposanten Gaoligong Shan, der die Grenze zu Burma bildet. »Nu« bedeutet »wütend«, die Wassermassen des Nu Jiang tosen sogar in der trockenen Jahreszeit. Auf beiden Ufern schmiegen sich kleine Pfahlbausiedlungen der Nu und Lisu zwischen einem Flickenteppich aus Reis- und Zuckermaisfeldern an die steilen Hänge. Dünne, über das Tal gespannte Kabel verbinden die Siedlungen miteinander. An Markttagen stehen dort oft viele Menschen Schlange, um über den Fluss zu gleiten.

UNTEN
Ein Naxi mit seiner Frau in Alltags- kleidung, der Mann raucht eine Pfeife aus Bambus. Von den Naxi nimmt man an, dass sie im ersten Jahrhundert n. Chr. aus Tibet eingewan- dert sind. Die traditi- onellen Holzhäuser der Naxi verfügen über zwei Stock- werke, oft verzieren Schnitzereien Türen und Fenster.

UNTEN
Eine Kabelhängebrücke über den Nu, flankiert
vom Biluo Shan und Gaoligong Shan. In dieser
abgelegenen Region an der Grenze zu Burma
leben die Lisu, Nu und Dulong.

Dünne, über das Tal gespannte Kabel verbinden
die Siedlungen miteinander. An Markttagen stehen dort oft viele Menschen
Schlange, um über den Fluss zu gleiten.

Auch Joseph Rock transportierte 1925 seine gesamte Mannschaft einschließlich 14 Maultieren auf diese Weise von Ufer zu Ufer. Die Seile waren damals aus geflochtenem Bambus: »Das Seil und der Gleiter waren mit Yak-Butter eingefettet, um das Hinübergleiten zum anderen Ufer zu erleichtern.« Doch das System versagte auch bisweilen; so verlor er zwei seiner Maultiere in den Fluten des Flusses.

Der Nu wird von einer Vielzahl von Quellen gespeist, deren Wasser von den hohen Canyons des Gaoligong Shan herabstürzt. Diese von dichten Wäldern überwachsenen, oft wolkenverhangenen Täler gehören zu den am wenigsten erforschten Gebieten Chinas. Moos hängt an den knorrigen Ästen der riesigen Rhododendron-Bäume, die es nur hier gibt. Tropische Kletterpflanzen umschlingen die Baumstämme, deren Äste voller Orchideen sind.

Wie bunte Juwelen blitzen Nektarvögel im unheimlichen Zwielicht, wenn sie aus dem Bambusunterholz hinaus auf das Blätterdach fliegen. Hier wechseln sie zwischen den großen dunkelroten Rhododendron-Blüten und den kleinen rosafarbenen Blüten der hängenden, auf den Bäumen

lebenden Orchideen hin und her. Man erkennt sie leicht an dem hohen Trillern, wenn sie auf der Suche nach Nektar von Blume zu Blume fliegen.

In diesen Wäldern leben die meisten Primaten der nördlichen Hemisphäre. Die Phayres- oder Brillenlanguren, Blattaffen, sind die ruhigsten und vielleicht mit ihrer feinen Gesichtsmaske die schönsten. Sie arbeiten sich durch das Blätterdach, meiden die giftigen Rhododedronblätter und pflücken sich junge Breitblattschösslinge. Den Wechselgesang der Weißbrauengibbons kann man jeden Morgen hören. Das Unterholz gehört den Makaken – drei Arten, wovon die größte die imposante Bärenmakake ist, die Einheimischen Yi und Bai nennen sie »Großfußaffen«.

In den Wäldern von Gaoligong Shan leben die meisten Fasanenarten Yunnans, der Lady-Amherst-Fasan und Scharen von Weißohrenfasanen. Das Bambusdickicht beherbergt den noch viel selteneren Temminck-Tragopan, eine sehr scheue Fasanenart, bei der sogar das männliche Balzgehabe sich auf ein kurzes Guck-Guck-Spiel

OBEN
Eine Lisu überquert den Nu auf traditionelle Weise. Ursprünglich waren die Straßen Ponypfade. In den Schutzzonen im Bereich der drei großen Flüsse von Yunnan, einer davon ist der Nu, gibt es immer noch unberührte Waldgebiete mit einer Vielfalt an Lebensformen, darunter mehr als ein Viertel aller Tierarten der Welt.

beschränkt. Das Männchen zeigt nicht sein buntes Federkleid, sondern verfolgt das Weibchen, bis es einen Baumstumpf oder kleinen Hügel erreicht. Dahinter duckt er sich und macht ein scharfes klackendes Geräusch, während er sich flügelschlagend in Stimmung bringt. Dabei löst sich ein bunter Hautlappen unter seinem Kinn und kleine blaue Hörner bilden sich auf seinem Kopf und werden steif. Das Klacken wird schneller und lauter, die Hörner werden länger und versteifen sich immer mehr, bis der Vogel sich zur fast doppelten Größe aufgeplustert hat und dem perplexen Weibchen seine phantastischen neonblauen und roten Brustfedern zeigt.

LINKS
Das dramatische Ende einer Balz des männlichen Temminck-Tragopan, einer seltenen Fasanenart. Sein auffallender Hautlappen ist nur für Sekunden in voller Pracht zu sehen, wenn er einem Weibchen imponieren möchte.

Im feuchten, milden Klima an den Hängen des Gaoligong Shan gedeiht eine phantastische Mischung aus Pflanzen und Tieren der subtropischen, gemäßigten und alpinen Regionen. Laubbäume wie Eiche, Ahorn, Wildkirsche und Schierling wachsen neben Feigen, Palmen oder Baumfarnen. Die Bedingungen, die eine solche Vermischung von biogeologischen Bereichen erlauben, sind hier einmalig und führten dazu, dass zehn Prozent der gesamten Weltflora hier zu finden sind. Bei jeder Pflanzenjagd werden neue Spezies entdeckt. Vor Kurzem hat ein Team aus chinesischen und amerikanischen Botanikern mehr als 11 000 verschiedene Arten gesammelt, viele davon werden zu den bislang bekannten 4303 Arten von Samenpflanzen hinzukommen. Die Insektenforscher haben etwa 1690 Arten gezählt.

Warme Winde

Diese Überfülle birgt ein Geheimnis. In diesen Breiten und in einer so abgeschnittenen Gegend müsste das Klima eigentlich durch die kalten Winde aus Zentral- und Nordchina viel kälter und wesentlich trockener sein. Aber die Blutegel belegen es: Wir befinden uns in einem echten Regenwald. Wie aber kann es ein solches Pflanzenparadies ganz in der Nähe des kalten Tibets und so weit entfernt vom Wendekreis des Krebses überhaupt geben?

Der Schlüssel liegt in der Art, wie alle Berge und Täler von Norden nach Süden ausgerichtet sind. Die zwei mächtigen Bergketten Ailao Shan und Wuliang Shan schirmen Yunnan ab gegen die kalten, trockenen kontinentalen Nordwinde. Darunter verlaufen die engeren und tiefen Flusstäler des Mekong und Nu Jiang nach Süden und öffnen sich weit in die feuchten Tropen Südostasiens. In der Monsunzeit wirken die Täler wie enorme Kamine und lenken so die warme, feuchte Luft nach Norden.

Ende März kommen Stürme auf in den Wäldern von Gaoligong Shan. Sie reißen die Blätter der wilden Bananen ab, und mit Orchideen bewachsene Äste brechen und krachen zu Boden und wirbeln die Blüten der roten Rhododendren auf. Nektarvögel versorgen sich eilig am Morgen im Hauptkronendach, solange der Wind nur eine

PFLANZEN FÜR ALLE GELEGENHEITEN

Die wichtigsten Pflanzen für die chinesische Kultur sind die etwa 500 verschiedenen Arten von Bambus; 400 davon findet man in Yunnan. Bambuswälder haben Künstler zu allen Zeiten inspiriert. Aber Bambus spielt auch im Alltag und als Wirtschaftsgut eine wesentliche Rolle.

Bambus ist so fein, dass er zu Tuch verarbeitet werden kann, so delikat, dass er in der Küche unverzichtbar ist, so fest, dass er beim Bau der Hochhäuser in Hongkong für Gerüste eingesetzt wird (an Zugfestigkeit übertrifft er sogar Stahl). Bambus ist die ultimative Nutzpflanze. Seit 5000 Jahren wird er für Körbe und Matten verwendet, Bambuspapier wurde vor etwa 1100 Jahren erfunden, und lange vor dieser Zeit wurden bereits Schriftzeichen in grünen Bambus geritzt – vielleicht die ersten Beispiele von Schrift. Kriege wurden mit Pfeil und Bogen aus Bambus ausgetragen, und mit der Erfindung des Schießpulvers nutzte man Feuerwaffen und Geschosse aus Bambus. Heute erfreuen sich die Dai am Bambus-Feuerwerk an ihrem traditionellen Neujahrsfest.

Bambus kommt aus den Tropen, hat sich aber bis in alpine Zonen ausgebreitet. Diese riesigen Gräser sind die am schnellsten wachsenden, holzigen Pflanzen der Welt – einige von ihnen wachsen bis zu einem Meter pro Tag. Ein einziger Strauch kann während seiner Lebensdauer bis zu 15 Kilometer nutzbare Bambusstangen produzieren. Obwohl die Sprossen weich sind, ist ausgewachsener Bambus reich an unverdaulichen Faserstoffen und rauer Kieselerde, sodass er schwer verdaulich ist.

Einige wenige Tierarten haben sich auf den Verzehr von Bambus spezialisiert. Nicht nur der Große Panda, auch sein kleinerer Cousin, der Rote Panda, lebt von dieser Pflanze. Allerdings klettert der Rote Panda auf Bäume und Äste, um an die weicheren grünen Bambusblätter zu gelangen. Der Große Panda kaut die zäheren Stängel.

Doch auch von unterhalb der Erde wird der Bambus attackiert. Mit etwas

Geduld sieht man, wie plötzlich ein Bambusstamm zu zittern beginnt und Stück für Stück im Erdboden verschwindet – in den Bau der Bambusratte (links), die ihr Leben damit zubringt, Bambuspflanzen auszuschnüffeln.

Diese riesigen Gräser sind die am schnellsten wachsenden Holzpflanzen der Welt – einige Arten wachsen mehr als einen Meter pro Tag.

leichte Brise ist. Am Nachmittag müssen sie sich mit den Blumen des Unterholzes begnügen, wenn die oberen Äste unter der Gewalt mächtiger warmer Winde schwanken, die den nahenden Monsun ankündigen.

Von Mai bis Juli setzt der Regen die hohen Berghänge und üppigen Täler unter Wasser. Die Flüsse schwellen an und strömen nach Süden, vom Nu heißt es, dass er dann besonders wütend sei. Das meiste Wasser verbleibt jedoch in den Wäldern der Berghänge. Die tiefen Täler halten das ganze Jahr über die feucht-warme Luft; nur ein sanfter Wasserstrom fließt ins südliche Flachland. Das verdunstende Wasser bildet Nebelschwaden in der Nacht, die am Morgen als Tau und Regen kondensieren. Trotz der globalen Veränderungen sind diese Wälder ökologisch stabil geblieben.

Waldzufluchten

Vor mehreren Millionen Jahren erlebte die Erde eine Reihe von Eiszeiten. Gewaltige Eisschichten überzogen das Land, und in den wärmeren Zeiten dazwischen stieg der Meeresspiegel dramatisch an, sodass große Landflächen für Tausende von Jahren unter Wasser gesetzt wurden. Durch seine Nähe zum Äquator und durch den Einfluss des Monsuns blieb das Klima in Yunnan wie in weiten Teilen Südostasiens davon weitgehend unberührt. Als anderswo viele der Regenwälder verschwanden, hielten sich hier die Regenwälder und wurden für viele Tierarten zur letzten Zuflucht. Während sie anderswo die Kälte vertrieb, überlebten die großen Affen in diesen geschützten Tälern. Man glaubt, dass die Wälder von Yunnan damals eines der letzten Rückzugsgebiete für die Vorfahren der heutigen Orang-Utans und Gibbons waren.

Das ganzjährig milde Klima von Gaoligong Shan spielte auch bei den ältesten Arten des Handels eine wichtige Rolle. Der einzige praktikable Weg durch die Wälder führt auf gepflasterten Pfaden durch die vielen Täler bis über die Grenze nach Burma. Diese schmalen Pfade gehören zur jahrhundertealten südwestlichen Tee- und Seidenstraße, auf der Händler sogar aus dem fernen Rom ihre Waren transportierten. Etwa zur selben Zeit, als in Rom die Seide eintraf,

UNTEN
Ein Roter Panda beim Bambusmahl, das mehr als 90 Prozent seiner Diät ausmacht. In China nennt man ihn Feuerfuchs; man findet ihn noch in Sichuan und Yunnan, aber in den letzten 50 Jahren sind die Bestände um fast die Hälfte zurückgegangen.

gelangte der Buddhismus nach China. Noch heute verbinden die Täler als wichtige Korridore den Norden mit dem Süden. Die Täler von Xishuangbanna im Süden Yunnans mit ihrer einzigartigen Mischung aus gemäßigten, tropischen und subtropischen Arten sind eine Brutstätte der Vielfalt. Sie befinden sich am nördlichsten Rand der Monsunzone, doch die Jahreszeiten wirken hier sehr unterschiedlich. Jedes Tal hat seine eigenen kleinen Feucht- und Trockenperioden, und von einem Tal zum

anderen unterscheidet sich die Vegetation. In einem ragen riesige tropische Flügel-
fruchtbäume über das Hauptkronendach hinaus. Bambus wächst hier und Lianen
schlängeln sich von den hohen Ästen herab, während im Unterholz Rotang- und
andere Palmen sich unter das Gestrüpp mischen. Im nächsten Tal dominieren
Baum- und nepalesische Palmfarne die steileren, exponierteren Hänge – eine
Szenerie wie aus der Urzeit. Weiter entfernt von der Grenze zu den Tropen, im
Bereich der Nu-Jiang- und Mekong-Täler tauchen immer mehr Arten der
gemäßigten Zonen auf. Nicht nur dass in diesen Wäldern zwei ökologische Zonen
aufeinandertreffen, sie befinden sich auch auf der Grenzlinie zweier riesiger
Erdplatten. Das spiegelt sich in der Vielfalt der Pflanzenwelt wider. Tausende neuer
Arten kamen von Indien hinzu, als die Platten aufeinanderstießen. Man vermutet,
dass auf diese Weise der Bambus nach China gelangte. Es gibt unglaublich viele
Bambusarten in Yunnan – 400 hat man bisher gezählt.

Laute, stinkende Nächte

Obwohl viele Tiere in den Wäldern zu Hause sind, ist es oft unglaublich schwierig,
sie zu sehen – aber hören kann man sie. Laute sind für die Waldtiere die beste Art der
Kommunikation, sei es, um das Territorium zu schützen oder um einen Partner zu
finden. Doch die Rufe bringen neben Sexualpartnern auch Raubtiere auf den Plan,
weshalb vieles im Schutz der Dunkelheit geschieht. Tatsächlich ist die Nacht im Wald
die lauteste Zeit.

In den Wäldern von Xishuangbanna findet man eine der wenigen Arten fliegender
Frösche. Die Java-Flugfrösche leben normalerweise in den höchsten Ästen des Haupt-
kronendachs von den dort im Überfluss vorhandenen Insekten. Gegen Ende April gleiten
sie nachts nach unten und versammeln sich
auf Ästen über kleinen Tümpeln. Die Männchen wetteifern in einem nächtlichen Chorge-
sang um die Chance, ein Weibchen zu
betören; ihre Gesänge mischen sich dabei mit
denen der vielen anderen Froscharten, die
Gleiches im Sinn haben. Gruppen von bis zu
20 drängen sich dabei um die größeren
Weibchen, und jeder versucht den anderen
wegzuschubsen. Wenn sich dann ein Freier
festgesetzt hat, platziert das Weibchen einen

großen Schaumball an die Blattspitzen, die über den Tümpel ragen. Nach zwei
Wochen schlängeln sich Kaulquappen aus dem Schaumnest und fallen ins Wasser.

Um diese Jahreszeit riechen die Regenwälder besonders stark. Die meiste Zeit ist es windstill, sodass die Pflanzen für die Verbreitung ihrer Pollen die Dschungeltiere benötigen und dafür Gerüche als Lockmittel einsetzen. Berauschende Aromen exotischer Blumen erfüllen die nächtliche Atmosphäre, um Motten mit dem Versprechen süßen Nektars anzulocken. Doch nicht alle Gerüche sind für uns Menschen angenehm. Im Unterholz, am Rand von Lichtungen ruhen oft große, bis zu zehn Kilogramm schwere Knollen. Sobald die Regenzeit einsetzt, bricht hier eine grotesk große »Blume« aus dem Boden. Die Hani nennen sie »die Hexe des Waldes«. Der »Leichenblume« des Elefantenfuß-Yam entströmt ein abstoßendes Geruchsgemisch.

Wenn die Sonne untergeht, falten sich die warzigen violetten Deckblätter auf, und in der Mitte erhebt sich ein großes säulenartiges Gebilde – der Kolben –, der den wissenschaftlichen Namen *Amorphophallus* der Pflanzengruppe – unförmiger Phallus – inspiriert hat. Ein unglaublicher Fäulnisgeruch entströmt der Pflanze und breitet sich mit fast unglaublicher Geschwindigkeit aus. Wer den Gestank aushält und sich nahe genug herantraut, wird feststellen, dass die Pflanze vor Hitze regelrecht pulsiert. Tatsächlich steigt die Temperatur im Kolben um 10 °C. Die Hitzeentwicklung wird als Nebenprodukt der chemischen Reaktionen betrachtet, die im Kolben den stinkenden Cocktail produzieren, sie sorgt aber auch dafür, dass sich der

Gestank schneller ausbreitet. Der Geruch nach verfaulendem Fleisch, die Hitze und die violetten fleischigen »Blütenblätter« erzeugen so die Illusion des Todes. Zahllose Aaskäfer werden davon angezogen und gehen der Pflanze in die Falle.

Wenn die Käfer landen, rutschen sie sogleich die wachsigen Blütenblätter hinunter in das Herz des Gebildes, wo sie nicht entkommen können. Am Fuß des Kolbens befinden sich kleine echte Blüten, die bestäubt sein wollen. Mit etwas Glück sind bei den Käfern einige dabei, die zuvor schon andere Leichenblumen besucht haben und den klebrigen Pollen mit sich führen. Damit genügend Zeit für die Bestäubung bleibt, werden die Käfer 24 Stunden festgehalten. Als Belohnung für diese Gefangenschaft sondern einige der winzigen Blüten eine kleine Menge Protein ab – ein Lunchpaket im Käferformat. Wenn dann die Sonne wieder untergeht, produzieren die Blüten ihre eigenen Pollen und bedecken damit die gefangenen Käfer. Schließlich öffnen sich die schnell verfaulenden Blätter wieder, die Insekten können frei davonfliegen und den Pollen weiteren stinkenden Pflanzen zutragen.

Nahrung aus dem Wald

Der Elefantenfuß-Yam ist in den Wäldern Yunnans weit verbreitet. Es wächst an Waldlichtungen und in kleinen Hainen in der Nähe von Siedlungen. Tatsächlich

FISCHE, DIE AUF BÄUME KLETTERN

Während der Recherchen für die Fernsehserie *Wildes China* stießen wir in einem Buch, das uns in einem Hotel in der Nähe der Wälder von Gaoligong Shan in die Hände fiel, auf ein bemerkenswertes Foto. Es schien ein seewolfartiges Tier zu zeigen, das an dem hohen Ast eines Baums zu hängen schien. Schließlich fanden wir den Ort, an dem das Bild aufgenommen worden war – das war die gute Nachricht. Die Einwohner berichteten uns, dass jedes Jahr im Mai Tausende von großen Fischen während eines wilden Begattungsrituals in den Bäumen hängen, deren Äste über das Wasser ragen. Sollten sie etwa ihre Eier auf den Zweigen ablegen? Die schlechte Nachricht war, dass an einem der Flüsse, in dem die Fische leben sollten, gerade ein Staudamm errichtet worden war.

Eine Zweitagesreise zu dem Fluss führte die Reporter nahe an die Grenze zu Burma, wo das Interview mit einem der lokalen Stammesmitglieder der Lisu die Wahrheit ans Licht brachte. Den Fisch gab es tatsächlich hier, und sie kamen zu Tausenden mit Beginn der Regenzeit. Obwohl sie ihre Eier nicht in den Bäumen ablegen, können sie auf ihrem Weg stromaufwärts zu ihren Laichplätzen über Felsen und Bäume klettern. Die Einheimischen sind stolz auf ihren einzigartigen Fisch und sie fangen ihn auch, denn er gilt als sehr schmackhaft. Es ist allerdings verboten, die Fische auf ihrer Reise zu den Laichplätzen zu stören. Erst wenn sie von dort zurückgekehrt sind, dürfen sie gefangen werden.

Die andere Hälfte der Geschichte betrifft den Damm. Der wurde im Winter 2006 fertiggestellt und versorgte das Dorf mit Elektrizität. Im darauf folgenden Frühjahr blieben erstmals die kletternden Fische aus. Der Wasserstand des Flusses war so niedrig, dass die Fische auf dem Weg in tiefere Gewässer eine viel zu große Distanz außerhalb des Wassers hätten zurücklegen müssen. Es ist sehr wahrscheinlich, dass dieser bemerkenswerte namenlose Fisch bald nur noch in der Legende existieren wird.

Im Mai kann man Tausende von großen Fischen sehen, die während eines wilden Begattungsrituals in den Baumästen hängen, die über das Wasser ragen.

stammt die »moyu«, wie das Yam von den Einheimischen genannt wird, vermutlich ursprünglich aus Malaysia, hat sich aber vor Tausenden von Jahren in den Wäldern ganz Asiens verbreitet. Die Pflanze wird sogar aktiv kultiviert in Yunnan. Die großen Kolben werden getrocknet und zu Pulver zermahlen, das – mit Wasser versetzt – zu einer festen, klaren geleeartigen Masse wird. In der Pfanne gebraten und vermischt mit dem ortsüblichen, extrem scharfen »Schießpulver«-Gewürz, wird daraus ein köstliches und unvergessliches Gericht. Das Gel aus dem Elefantenfuß-Yam wird

UNTEN
Ein Hani-Kind mit dem Wasserbüffel der Familie, der als Arbeitstier in den Reisterrassen
eingesetzt wird. Die Hani, eine der 25 Minoritäten von Yunnan, sind in den Bergen um den
Mekong und den Roten Fluss zu Hause.

Die Hani wussten, dass die Wälder die Flüsse hervorbringen,
die das tiefer gelegene Land bewässern.
Beseitigt man die Wälder, vertrocknet die Ernte.

inzwischen von der Nahrungsmittelindustrie in allen möglichen Produkten von Tortillas bis hin zu Eiskrem eingesetzt. Viele Dörfer kultivieren wilde Gemüsesorten in den Wäldern, von denen einige auch uns vertraut sind. In den Wäldern Yunnans sind die unterschiedlichsten Ingwersorten heimisch– über 200 Arten werden gezählt. Eine nah verwandte Kardamomart gedeiht ebenfalls im Schatten der Wälder. Viele Wildbananenarten stammen von hier, darunter eine gigantische vier Meter hohe Variante mit mehr als 80 Zentimenter langen Blütenblättern.

Minderheiten wie die Jinuo, Bai und Yi waren traditionsgemäß niemals Bauern, sondern Waldnomaden, die neben der Jagd die Brandrodung und anschließende Kultivierung praktizierten. Sie folgten einem von den Stammesältesten festgelegten Muster, wonach sie sich für etwa zehn Jahre an einem Ort niederließen und dann wieder weiterzogen, um das Land wieder dem Wald zu überlassen.

Landwirtschaft auf der Basis von Brandrodung wird als besonders zerstörerische Form der Kultivierung angesehen. Studien belegen jedoch, dass diese Art der Landwirtschaft – wenn sie im überschaubaren Maßstab betrieben wird – sogar die Artenvielfalt innerhalb eines Waldes erhöhen kann, indem dadurch Bereiche entstehen, die von Pionierpflanzen neu besiedelt werden können – die ersten Pflanzen, die im zerstörten Areal wieder Wurzeln schlagen. Bananen, Ingwer, Bambus und Elefantenfuß-Yam sind solche Pionierpflanzen. Als schnell wachsende, weiche und üppige Vegetation oder nektarreiche Blumen liefern sie Nahrung für zahlreiche Insekten und Vögel und werden auch von vielen der Waldtiere Yunnans bevorzugt, von den Hirschferkeln (der kleinsten Hirschart) bis zu den Elefanten.

Seit 1999 ist es verboten, Bäume zu fällen; man will so der Abholzung Einhalt gebieten, die von der Regierung zu Recht mit der zunehmenden Bodenerosion und den Überflutungen in Verbindung gebracht wird. Dadurch konnten zwar einige Wälder vor massiver Zerstörung geschützt werden, illegales Abholzen kommt jedoch noch immer vor. Inzwischen hat dieses Verbot auch das Ende der Lebensweise vieler der Völker, die in den Hügeln Yunnans zu Hause sind, bewirkt und ihre Kultur irreversibel verändert.

Das goldene Königreich

Im tropischen Süden Yunnans schlängelt sich der inzwischen angeschwollene Mekong gemächlich durch die breiten Täler. An einigen Stellen beugen sich noch große Bambuspflanzen über das langsam fließende Wasser, aber nur noch auf den sanften Hügeln und Berghängen gibt es einen natürlichen Waldbestand. An den Flussufern dominieren im fruchtbaren Tiefland längst die Reis- und Gemüsefelder der Meistergärtner von Yunnan, der Dai.

Im 9. Jahrhundert berichtete der chinesische Abenteurer Fan Chuo, dass er auf seiner Flucht aus Vietnam durch ein exotisches »goldenes Königreich« an Chinas südlichen Grenzen gekommen sei. Dort habe er Reisterrassen gesehen, die mit Ochsen und Elefanten bestellt wurden. Die Bewohner webten komplizierte Stoffe, besaßen Waffen aus Metall und überzogen sogar ihre Zähne mit Gold. Das war das Reich der Dai.

Die Dai sind Talbewohner. Fruchtbare Reisfelder umgeben die durch ihre Dörfer fließenden Flüsse, und jede Familie unterhält Gemüsegärten voller seltsamer Knollen und Kürbisse. Dieses fruchtbare Land war das Königreich des Goldenen Tempels, das über mehr als tausend Jahre von einem Erbkönigtum regiert wurde. Es war das nördlichste der drei Thai-Königreiche (die anderen wurden später zu Laos, Thailand und Burma).

Die chinesischen Kaiser wollten die Kontrolle über Yunnan erlangen. Die fruchtbaren Tiefebenen konnten die Verpflegung für ihre Soldaten liefern, aber was viel entscheidender war: Sie benötigten den Zugang zu dem Pfad, der sich durch den Gaoligong-Shan-Wald schlängelte. Er war das Tor zur Welt außerhalb des Reichs der Mitte, einer Welt, begierig auf Seide und Tee aus China und vertraut mit den buddhistischen Lehren. Diese kleine Waldstraße konnte exotische Luxusgüter, Wohlstand und neue Macht verschaffen. Im Jahr 109 v. Chr. schickte der Kaiser Wu seine Armeen nach Yunnan. In den folgenden tausend Jahren ist man mehrmals in das Land eingefallen, um die Machtposition zu erhalten. Am erfolgreichsten war hier Kublai Khan im 13. Jahrhundert. Mit jedem Angriff flohen zahllose Dai weiter südlich in die Gegend des heutigen Thailand. Gouverneure wurden eingesetzt, die die eroberten Territorien verwalteten. Aber sie waren nie uneingeschränkt erfolgreich. Allein schon die Distanz zur mehr als 3200 Kilometer entfernten chinesischen Hauptstadt, die Stärke der Kultur der Dai und das schwierige Terrain von Yunnan sorgten dafür, dass die Dai ihre soziale Hierarchie mit ihren lokalen Fürsten beibehielten. Der letzte Erbkönig der Dai wurde erst 1953 abgesetzt. Maos Armee ernannte ihn zu einem Beamten, und er lebt bis heute in Kunming, der Hauptstadt Yunnans.

Xishuangbanna hat sich seit damals sehr verändert, aber die Dai sind noch immer die größte und die wohlhabendste Volksgruppe in Yunnan. Selbst in Jinghong, der größten Stadt der Dai, sieht man Dai-Frauen mit ihren typischen schimmernden Wickelkleidern. Sie tragen ihr Haar in festen Knoten hochgesteckt, die oft durch ein farbiges Seidenband gehalten werden. Schwere, reich verzierte goldene Gehänge schmücken ihre Ohren, und goldüberzogene Zähne sind noch

genauso üblich wie zu den Zeiten Fan Chuos. Die goldenen Pagoden zeigen thailändischen Einfluss. Die Traditionen und Feste der Dai wären auch einer Thai-Familie vertraut, und das Neujahrsfest mit seinen Wasserspielen ist sowohl in Thailand als auch in Yunnan das wichtigste Fest im Jahreskreis.

Aber am auffälligsten sind die Gemeinsamkeiten in der Küche. Fisch in Blättern eingewickelt und gewürzt mit einer komplexen Mischung aus Kräutern und selbstgezogenen Gewürzen wird über Dampf gegart. Mariniertes Fleisch wird in fein abgeschmeckter wilder Bananenblütensuppe serviert – ein Gaumenschmaus. Sogar eine Schüssel mit gewürzten Ameisen gemischt mit frischen Kräutern ist eine Delikatesse.

Obwohl sie reichlich Gemüse selbst anpflanzen und für ihren Reis berühmt sind, kommt doch vieles, was die Würze ihrer Kochkunst ausmacht, aus den umgebenden Wäldern und Hügeln. Die Dai-Dorfbewohner wissen, was die Wälder ihnen zu bieten haben, und Frauen sammeln dort regelmäßig würzige Kräuter für den Hausgebrauch und den Verkauf auf den örtlichen Märkten. Die Tatsache, dass diese Wälder Bestand haben, mag an diesen alten Traditionen liegen. Sie wussten auch, dass die Wälder die Wasserversorgung der Tiefebenen das ganze Jahr über sicherten. Wenn die Wälder verschwanden, trockneten die Felder aus.

Leere Wälder

»Wenn wir den Wald zerstören, wird er zur Wüste. Die Kommunistische Partei Chinas wird in die Geschichte als Verbrecherin eingehen, und zukünftige Generationen werden uns verfluchen«, soll Premierminister Zhou Enlai 1961 bei einem Besuch in Xishuangbanna gesagt haben. Inzwischen dominiert eine neue Art von Wäldern die Südhänge Yunnans. Sie bestehen aus zahllosen, in Reihen gepflanzten brasilianischen Gummibäumen. Dies erweist sich als die größte Bedrohung für die einzigartige Vielfalt der Wälder Yunnans, weit mehr als die traditionell auf Brandrodung beruhende Landwirtschaft der Jinuo und Hani.

Die Kautschukbäume stammen vom Amazonas; sie produzieren eine klebrige Milch, die zu Gummireifen verarbeitet wird, mit denen die Autos auf der ganzen Welt fahren. Die industrielle Produktion erwies sich als extrem lukrativ. In den 1950er Jahren war Mao bestrebt, dies maximal auszunutzen, und ließ weite Bereiche mit diesen Bäumen bepflanzen. Die Kautschukplantagen trugen zwar zum Wirtschaftswachstum Chinas bei, aber auf Kosten der Umwelt. In den ursprünglichen Wäldern lebte dank des konstant feuchten Klimas eine Vielzahl unterschiedlichster Pflanzen und Tiere. In einer Kautschukplantage gibt es nur eine Art von Baum, den Pará-Gummibaum. Unterhalb dieser Bäume wird der Bewuchs durch andere Pflanzen entfernt, sodass der Boden von der Sonne ausgetrocknet wird und den heftigen Regengüssen direkt ausgesetzt ist. Es gibt keine dicke Laubschicht mehr, die Nährstoffe liefern könnte oder das Regenwasser speichert. Um hohe Erträge sicherzustellen, muss künstlich gedüngt werden; doch der Monsun schwemmt regelmäßig Dünger wie Erde hinweg. Im Bereich der Baumkronen der Plantage gibt es keine Schichten mehr, es fehlt die reiche Mischung aus Lianen, Moosen, Orchideen und Farnen, und so entweicht die gesamte verdunstende Feuchtigkeit in die Atmosphäre. Dies führte zu dramatischen, großräumigen klimatischen Veränderungen. Im Tal bei Jinghong, wo die Jinuo leben, trockneten durch den Kahlschlag für die Gummiplantagen mehr als 40 Flüsse

UNTEN
Verwüstungen in Bai Ma Xue Shan, die auf der Abholzung einheimischer Baumarten beruhen. Trotz großer Verluste verfügt Yunnan noch immer über die biologisch reichhaltigsten Wälder der Erde.

und Bäche aus. Die Gegend erlebte auch plötzlich größere Temperaturextreme, bekam weniger Regen ab, die Winde wurden stärker und das Klima trockener.

Kautschukplantagen breiten sich in Yunnan noch immer aus, sie werden aber inzwischen durch Eukalyptuspflanzungen abgelöst – China verfügt nach Brasilien über das zweitgrößte Anbaugebiet der Welt. Immer wieder werden natürliche Wälder illegal abgeholzt, um Platz zu schaffen für die schnell wachsenden, nicht einheimischen Bäume. Eukalyptus ist profitabel, er liefert Holz; den ursprünglichen Reichtum der einzigartigen Wälder Yunnans können sie aber nicht ersetzen.

Lokale Helden

In den frühen 1990er Jahren gab es nur noch 1000 bis 1500 Stumpfnasenaffen in Yunnan. Zum Teil lag es an der Wilderei, aber die größte Bedrohung ging von der illegalen Abholzung aus, die in Bai Ma Xue Shan erschreckende Ausmaße annahm, obwohl das Gebiet offiziell als Naturschutzgebiet ausgewiesen war. Der letzte Lebensraum der bedrohten Stumpfnasenaffen stand kurz vor der Zerstörung.

Der Affe wäre in der Wildnis sicherlich ausgestorben, gäbe es nicht den Tier-fotografen Xi Zhinong (dessen Bilder in diesem Buch zu finden sind) und seine Frau, die Journalistin Shi Lihong. Xi verbrachte Wochen auf den gefrorenen Bai Ma Xue Gipfeln und filmte die Affen, als er entdeckte, dass ein Holzunternehmen von lokalen Behörden die Erlaubnis bekommen hatte, in das Territorium der Stumpfnasenaffen vorzudringen. Zhinong wagte es, den höchsten Autoritäten einen Brief zu schreiben. Eine Kopie wurde der Presse zugespielt, sodass die Geschichte international verbreitet wurde. Die Notlage der Affen weckte Emotionen und inspirierte Studenten aus Beijing zusammen mit Umweltschützern – darunter Shi Lihong – ein »grünes Camp« zu organisieren. Auf ihrem langen Treck in das Bai-Ma-Naturreservat trafen sie Regierungsvertreter und Dorfbewohner. Die Pilgerfahrt fand große Beachtung in den Medien, und das Publikum nahm regen Anteil. Zhinongs preisgekrönter Film über die Affen stoppte die Pläne der Holzindustrie; die Regierung setzte der illegalen Rodung ein Ende. Seit dieser Zeit hat sich die Population der Stumpfnasenaffen wieder erhöht. Die Geschichte zeigt, dass mit den Mitteln der Medien das Überleben eines kaum bekannten Tiers zu einer nationalen Angelegenheit werden kann – mit dem Ergebnis, dass der Wald und die Tierart gerettet wurden.

Gegenwärtig sind etwa 18 Prozent von China bewaldet – eine Verbesserung gegenüber 1947, als nur noch 8,7 Prozent übrig geblieben waren. Diese Trendwende beruht auf der massiven Wiederaufforstung von 20 Millionen Hektar zwischen 2000 und 2005. Die Regierung hat die Notwendigkeit erkannt, dass die verbleibenden Wäl-der erhalten werden müssen. Die Abholzung ist nun offiziell verboten. In Yunnan wurden mehr als 190 Reservate geschaffen. Als international anerkannte Reservate einer außergewöhnlichen biologischen Vielfalt sind die Wälder erneut zu lebendigen, wenn auch fragilen Zufluchtsorten für die in ihr heimische Tierwelt geworden.

Die

große Reis-
schüssel

IN DER PROVINZ YUNNAN VERLÄSST DER YALONG JIANG, DER
»Gefährliche Drachenfluss«, nördlich von Kunming das Gebirge. Von dort fließt er
als mächtiger Jangtse in einer scharfen Kehre erst Richtung Norden, bevor er in
einem gewaltigen, 2500 Kilometer langen Bogen nach Osten strömt, um schließlich
bei Shanghai in das Ostchinesische Meer zu münden. Unterhalb dieses riesigen
Flussbogens sonnt sich Südchina im warmen Monsunklima, das die scheinbar endlosen Hügelketten in einen fast immerwährenden Dunstschleier hüllt. Rund ein
Fünftel des Landes wird intensiv bewirtschaftet. Es bietet die Lebensgrundlage für
etwa 300 Millionen Landbewohner, meist Reisbauern. Das restliche Land besteht
aus Hügeln und Bergen und zählt zu den schönsten Landschaften Chinas. Besonders
gilt dies für die bizarr geformten Karstberge im Flusstal des Li südlich von Guilin in
der Provinz Guangxi.

Eine Bootsreise auf dem Li an einem nebligen Morgen gehört zu den magischs-
ten Erfahrungen, die China bietet. Der Fluss strömt zwischen den Felswänden der
hoch aufragenden, Zähnen gleichen Bergzacken, und in der Luft flitzen kreischend
junge Haussegler, während sich am Horizont Kumuluswolken für den nachmittäg-
lichen Schauer zusammenballen. Im Dorf Xingping bieten auf ihren Flößen
gefährlich tanzende und singende Kormoranfischer willkommene Motive für die
Touristenkameras. Der Fluss ist hier zu trübe, als dass die Kormorane zwischen den
Felsen versteckte Fische erspähen könnten. Doch die Fischer werfen nach und nach
Fische aus den Vorratskörben ihrer Flöße ins Wasser, um die Fischerkünste ihrer
Vögel vorzuführen. Auch wenn dies alles nur zur Show ist: Dieses Bild des
traditionellen China bleibt unvergesslich.

Karst-Skulpturen

Die phantastische Karstlandschaft bedeckt über eine Million Quadratkilometer in
Südchina. Der europäische Begriff Karst bezeichnet eine Landschaft, die durch die
Einwirkung von Wasser auf Kalk entstanden ist. Und China besitzt mehr frei liegen-
den Kalk als jedes andere Land – er macht den größten Teil des Südens aus. Chinas
Karsthügel sind so merkwürdig geformt, weil sich hier durch den warmen, subtro-
pischen Regen ein besonderes chemisches Zusammenspiel ergibt.

Wenn sich ein Regentropfen bildet, absorbiert er Gase aus der Luft. Durch die
Aufnahme von Kohlendioxidspuren entsteht eine schwach kohlensäurehaltige
Lösung. Da Bodenbakterien im subtropischen Klima schneller agieren, wird das
Regenwasser sogar noch saurer, wenn es durch den Boden sickert. Es verwandelt
Schwachstellen im Kalkfelsen, etwa vertikale Spannungsrisse, die durch Bewegungen
in der Erdkruste entstanden sind, zu Spalten, Löchern und Höhlen. Schließlich
bildet das Wasser unterirdische Flüsse, die die Landschaft von innen entwässern.
Währenddessen nagen große Flüsse, die zwischen den Karsthügeln fließen, an den
Sohlen der Berge, unterhöhlen ihre Hänge und schaffen so steile Felsklippen.

SEITE 148 UND 149
Auf den Terrassen, die
vor Jahrhunderten an
den Hängen der Pro-
vinzen Longsheng
und Guangxi
angelegt wurden,
reift der Reis.

RECHTS
Fischer auf dem Fluss
Li mit ihren abge-
richteten Kormo-
ranen, dahinter die
berühmten Kalkstein-
gipfel von Guilin.
Dank des Tourismus
kann diese tradi-
tionelle Lebensweise
beibehalten werden.

KORMORANFISCHEN

Ihre Flöße aus Bambusstämmen steuern sie mit Bambusstäben: Huang, Huang und Huang. Wie die meisten Kormoranfischer auf dem Fluss Li sind sie miteinander verwandt und tragen denselben Nachnamen. Sie befördern jeder vier oder fünf angebundene Kormorane auf ihren Flößen. Der älteste Huang ist Trainer und Hüter von zwölf Kormoranen. Er lässt die Eier unter einer Glucke ausbrüten und zieht die Jungen mit der Hand auf – so werden sie auf ihn geprägt. Der mittlere Huang verabredet die Fototreffen mit Touristikunternehmern. Der jüngste Huang kann weder lesen noch schreiben und hat deshalb wenig Aussicht, vor Ort eine andere Arbeit zu finden.

Kormoranfischen ist eine alte Kunst, die an den meisten großen Flusssystemen Südchinas gepflegt wird. Kormorane ergreifen ihre Beute mit ihrem langen, hakenförmigen Schnabel und würgen sie dann hinunter. Ein Kormoranfischer muss also nur einen Kragen um den Hals des Vogels legen, damit er den Fisch nicht schlucken kann, und ihm beibringen, dass er zum Floß zurückkommt.

In der Morgendämmerung bugsieren die Huangs ihre Flöße in flaches Altwasser. Lautstarker Protest brandet auf, als sie die Ringe um die Kormoranhälse legen. Dann binden sie die Vögel los und beginnen mit gebeugten Knien, singend und Wasser spritzend zu tanzen. Dies ist das Signal für die Kormorane, im Fluss nach Fischen zu jagen. Ein erster Vogel taucht mit einem zappelnden Fisch im Schnabel auf. Ein weiterer erscheint mit einem Fisch und wird von drei anderen verfolgt, die ihm seine Beute abjagen möchten. Der junge Huang steckt seinen Flößerstab aus, ruft seinen Vogel und schwingt ihn an Bord. Er hält ihn so lange am Hals über den Fischkorb, bis er seine Beute von sich gibt. Nach etwa einer Stunde verlieren die Kormorane die Lust. Einer nach dem anderen klettern sie an Bord zurück. – Heute arbeiten die meisten Fischer mit Netzen, die Kormorane sind eine Touristenattraktion, die Huangs sind professionelle Entertainer. Doch was bringt das den Vögeln? Trainer Huang zeigt es uns, als er seinen Starkormoran mit einem Wels belohnt. »Wie wir«, sagt er, »müssen sie erst arbeiten, ehe sie am Ende des Tages ihren Lohn bekommen.«

> Der älteste Huang ist der Trainer und Hüter von zwölf Kormoranen. Er lässt die Eier unter einer Glucke ausbrüten und zieht die Jungen mit der Hand auf: So werden sie auf ihn geprägt.

Höhlenleben

Wer sich in diese Unterwelt traut, wird reich belohnt. In China gibt es mehr unterirdische Höhlen als irgendwo sonst, und diese sind auf Tausenden Kilometern schiffbar. In einigen tosen große Stromschnellen und Wasserfälle, in anderen riesigen, hallenden Kammern ragen Wälder aus bis zu 50 Meter hohen Stalagmiten auf. In diesen Höhlen leben unterschiedlichste Tiere, die es nur hier gibt – darunter Vertreter der Karpfenfamilie, die Goldlinienbarben. Manche dieser Fische haben keine Augen und tragen ähnlich Einhörnern merkwürdige Auswüchse auf der Stirn, deren Funktion man nicht kennt. Auch haben sich in diesen Höhlen so viele Krebse, Krabben, Hundert- und Tausendfüßler sowie andere wirbellose Tiere entwickelt, dass sie hier nicht alle aufgezählt werden können. Jedes Mal, wenn sie ein weiteres Höhlensystem erforschen, entdecken chinesische Wissenschaftler neue Arten.

Zum Glück für diejenigen, die sich nicht in reißende unterirdische Stromschnellen werfen möchten, wurden viele der schönsten Höhlen zu Touristen-

OBEN
Im Karst von Guilin, eine der bekanntesten Landschaften Chinas, gedeiht eine reiche Flora und Fauna.

attraktionen ausgebaut. An der berühmten Huanglon-Höhle (Gelber-Drache-Höhle) bei Zhangjiajie in der Provinz Hunan führt ein betonierter Weg zu einem Steg, an dem elektrische Flachbodenboote zur Fahrt über einen klaren unterirdischen See in das Herz des Berges ablegen. Am äußersten Ende winden sich Betontreppen durch riesige, Hunderte Meter hohe und breite Kammern mit zapfenartigen Stalaktiten, glitzernden kristallinen Kalzit-Terrassen und flachen Becken, in denen sich ganze Wälder aus schlanken, bis zu 5 Meter hohen Stalagmiten spiegeln. Das Ganze wird durch eine Galaxie bunter Lichterketten erhellt. Die angenehm milde Luft ist angefüllt mit dem aufgeregten Geschnatter der anderen, meist chinesischen Besucher. Es beschleicht einem das gespenstische Gefühl, dass der Weihnachtsmann hier in einem der finsteren Seitengänge mit einer Schar Weihnachtselfen auftauchen könnte.

Nachdem die Führer die letzten Besucher verabschiedet haben, werden die Stahltore geschlossen und die Lichter gelöscht. In der pechschwarzen Höhle ertönt nun das Echo anderer Schritte: Weißbäuchige Höhlenratten huschen aus ihren Löchern und fressen die Krümel, die die Menschen hinterlassen haben. Die Nager finden ihren Weg anhand ausgetretener Duftpfade, die Generationen von Ratten gelegt haben, und mit ihren Schnurrbärten, die als Sensoren dienen. Sie orientieren sich ähnlich wie wirbellose Höhlentiere, etwa Kakerlaken und Kamelgrillen, die mit ihren langen Fühlern nicht nur Hindernisse, sondern auch räuberhafte Riesenkrabbenspinnen erkennen.

Land der Fledermäuse

Ein vollkommen anderes Sinnessystem nutzen hingegen andere Höhlenbewohner: die Fledermäuse. Sie erzeugen im Flug Ultraschalllaute und erkennen am Muster des Echos Hindernisse. Doch die Echolokation ist mehr als nur eine Navigationshilfe.

In einem nahen Fluss patrouillieren kleine Fische knapp unter der Oberfläche und warten auf ertrinkende Insekten. Dabei erzeugen ihre Rückenflossen ein winziges Kräuseln. In der Dunkelheit sind sie vor den Augen der Jäger sicher. Doch über dem Wasser fliegt ein Jäger, der kein Licht braucht: die Mausohrfledermaus. Sie erzeugt ein Ultraschall-Trommelfeuer, dekodiert das Echo von der Wasseroberfläche und stürzt sich auf die Quelle des Kräuselns. Wenn sie sich ihrer Beute nähert, fährt sie ihre übergroßen Füße nach vorne aus, spießt den Fisch mit ihren scharfen, hakenförmigen Krallen auf und trägt ihn zu einem überhängenden Baum, wo sie ihn kopfvoran verspeist.

Bei Guiping in Guangxi ertönt in einer Höhle das Echo Zehntausender piepsender Europäischer Bulldogfledermäuse, die eng aneinander gedrückt einen zappelnden Gobelin aus winzigen rosa Körpern bilden. Ihre Mütter jagen in bis zu 50 Kilometer Entfernung nach Motten und Käfern in fast 3000 Metern Höhe. Eine große Fledermauskolonie kann in einer Nacht mehrere Tonnen Insektenschädlinge verzehren – das hören die Bauern gerne. Kein Wunder, dass Fledermäuse als Glücksbringer verehrt werden. Dafür gibt es jedoch noch einen einfacheren Grund: Fledermaus – »bian fu« –

hört sich in Mandarin wie »Glück« an. Deshalb schmücken seit Jahrhunderten Fledermaussymbole die Fassaden von Palästen und die Throne von Kaisern.

Bei Tagesanbruch sind die Weibchen zurück in der Höhle und suchen ihr Baby in der zappelnden Kinderstube. Sie finden ihren Nachwuchs dort, wo sie ihn geparkt haben, mithilfe ihres räumlichen Gedächtnisses, anhand seines spezifischen Geruches und seines einzigartigen Quiekens in einem ohrenbetäubenden Chaos, das 100 000 oder mehr rufende Mütter und piepsende Babys verursachen.

Die Höhlenbewohner

In der Provinz Guizhou ist am Morgen eine andere Höhlenbewohnerin schon ganz geschäftig. Da ihre Mutter weit weg ist, muss sie sich alleine durchschlagen. Sie hat ein kleines Feuer entzündet und kocht Wasser für Reisbrei. Sie heißt Liu und ist neun Jahre alt. In der Höhle leben noch andere Personen – insgesamt 18 Familien mit ihren Kühen, Schweinen, Ziegen und Hühnern, die in ordentlichen Holzpferchen untergebracht sind. Die Familienhäuser aus gewebten Bambuswänden haben keine Dächer – schließlich wird das Dorf von einer riesigen Höhlendecke überspannt.

Nach dem Frühstück spielen einige Kinder auf einem Basketballplatz, und immer mehr kommen in die Höhle gelaufen. Liu begrüßt sie, wenn sie ihre rosa Plastikregenumhänge ausziehen und ihre Schultaschen hinwerfen. Als ein Metallgong ertönt, sammeln die Kinder Bälle, Springseile und Bücher ein und versammeln sich in einem großen Klassenzimmer. Die Schule der Zhongdong-Höhlengemeinde hat sechs Klassen mit fast 200 Kindern. Liu und acht andere Kinder leben hier unter der Woche im Internat, weil ihre Familien weit entfernt wohnen. Aber warum leben die Menschen in einer Höhle? Die lokale Verwaltung wollte sie schon mehrmals in näher an der Zivilisation gebaute Häuser umsiedeln. Doch bis dato hat sich die Gemeinschaft dem widersetzt. Die Menschen mögen ihre Höhle, ist sie doch warm im

Winter, kühl im Sommer und gut belüftet. Sie bietet zuverlässig sauberes Trinkwasser, eine gute Abwasserentsorgung, Strom vom Netz und Satellitenfernsehen. Es ist ihr gut funktionierendes Zuhause.

Segler in den Lüften

In der Zhongdong-Höhle schießen Pazifiksegler hin und her und in schmale Spalten, in denen ihre Jungen in Nestern aus Farnwedeln und gummiartigem Speichel hocken. Die Verwandten der Pazifiksegler, die kleineren Höhlensalangane, sind in der chinesischen Küche berühmt als Lieferanten einer für uns bizarren Delikatesse: der Vogelnestersuppe. Die Suppe ist ein klares, klebriges Gebräu mit wenig Eigengeschmack (Aromen werden beigefügt) – aber darum geht es auch nicht. Es ist mehr die Beschaffenheit, die der chinesische Feinschmecker liebt – und zwar so sehr, dass die einheimische Art mit den am höchsten geschätzten Nestern, der Indochina-Salangan, durch in China praktisch ausgerottet wurde.

Der Handel verschob sich zum größten Teil nach Malaysia, wo Höhlensalangane von kriminellen Banden ausgebeutet werden. Sie wollen mit einem Rohstoff ein Vermögen verdienen, dessen Gewicht nicht mit Gold aufgewogen werden kann. Obwohl Pazifiksegler wenig Speichel für den Bau ihrer Nester verwenden, bietet deren Preis für manche Menschen genug Anreiz, sogar ihr Leben beim Sammeln der Gebilde aufs Spiel zu setzen.

OBEN
Das Höhlendorf Zhongdong in Guangxi. Die Häuser sind aus Bambus.

UNTEN
Ein Höhlensalangan bei seinem aus Speichel und Moos gebauten Nest.

Jenseits des Berges der Zhongdong-Höhle liegt die Getu-Höhle, die einem Tourismuskonsortium gehört. Stufen führen vom Kartenverkauf am Flussufer hinunter zum Dock, wo schmale Metallbarkassen mit gepolsterten Sitzen und Schwimmwesten warten. Der Bootsführer wirft den Außenborder an und schon schießt man flussabwärts vorbei an fedrigen Bambushainen zu einer atemberaubenden Steilwand. Links strömt durch einen hoch gelegenen, riesigen Tunnel in der Klippe grelles Morgenlicht, in dem sich die Silhouetten von Tausenden durch die Luft schießenden Seglern abzeichnen.

Am Fuß der Klippe verschwindet der Fluss in einem 60 Meter hohen Höhleneingang. Trotz des Motorenlärms ist das Donnern weit entfernter Stromschnellen zu hören. Dort befinden sich noch mehr, vielleicht Zehntausende Segler. Beim Einfahren in die Höhle schaltet der Bootsmann den Motor herunter. Vorne liegen Felsen und ein Sandstrand im Schein eines großen Oberlichts in der weit darüber gelegenen Höhlendecke. Der beißende Ammoniakgestank des Guanos ist überwältigend. Dunkle Kügelchen von Insektenresten verschmutzen die Sandbank und in der Luft hängt ein Sprühregen aus frischen Abwürfen. Doch zum Glück trägt man ja chinesische Regencapes aus Plastik.

OBEN
Haussegler fliegen aus der Huishui-Seglerhöhle in Guizhou.

DARUNTER
Ein Haussegler ruht sich auf den Felsen neben dem Höhleneingang aus.

Von oben grüßt eine Stimme, und der Bootsmann grüßt zurück. Ein Mann in billigen Tennisschuhen, Jeans und einem knallgelben T-Shirt klettert lässig an der schlüpfrigen vertikalen Wand in 20 Metern Höhe – ohne Sicherung. Der Bootsmann stellt ihn vor: »Das ist der Spinnenmann. Wenn Sie wollen, kann er hoch bis zum Dach.« Es stellt sich heraus, dass der Spinnenmann früher Vogelnester sammelte. Da dies jedoch nun Umweltschutzgesetze verbieten, nutzt er seine Fähigkeiten und seine genauen Kenntnisse der Höhle, um Trinkgelder von Touristen zu ergattern.

Es ist Juli, und die gerade flügge gewordenen Haussegler probieren ihre Flügel aus. Als sie lautstark und in halsbrecherischer Geschwindigkeit den Höhleneingang umrunden, beobachtet sie ein Wanderfalkenpaar von den Bäumen auf der Klippe aus. Wenn die jungen Segler in das Sonnenlicht fliegen, sind sie kurzzeitig blind. Das ist die Gefahrenzone. Der männliche Wanderfalke ist gestartet, fliegt über den Höhleneingang und faltet seine Flügel zum Sturzflug. Er durchschneidet eine Gruppe von Seglern, bremst scharf über dem Fluss und fliegt kraftvoll zurück zur Felsspitze. Mit starken Krallen presst er das Leben aus seinem Opfer heraus. Das Weibchen streckt die Flügel aus und schreit laut, als sein Gefährte an seinem Hochsitz vorbeifliegt.

Eine halbe Tagesreise Richtung Osten entfernt lebt in einer Flusshöhle eine sogar noch größere Hausseglerkolonie – wohl eine Viertelmillion Vögel. Die Einheimischen sammeln dort regelmäßig säckeweise Guano ein, den sie als Gemüsedünger verwenden. Sie hoffen, eines Tages ihre Höhle als Touristenattraktion ausbauen zu können und zeigen mit Freude Besuchern ihre dunklen Gänge. Eine windige Passage führt hoch über dem Fluss zu Kristalldämmen, die sich zu einer großen trockenen, überkuppelten Kammer aufbauen, in der Fledermäuse leben. Die Luft ist bis zur Wegeshälfte erstaunlich kühl und wird auf einmal plötzlich wärmer. Die Grenze zwischen der unteren kalten und der oberen warmen Luftschicht markiert eine Wolkendecke – die Höhle hat sogar ihr eigenes Wetter.

Da Chinas Höhlenforschung noch in den Kinderschuhen steckt, weiß man nicht, welche Wunder noch unter der weiten Karstlandschaft Südchinas ihrer Entdeckung harren. Doch die unterirdische Welt ist nur ein kleiner Teil dieser verblüffenden Landschaft.

Ein Affentheater

Die Schroffheit und Unzugänglichkeit des Karsts hat die ursprüngliche Bewaldung teilweise gerettet, obwohl von Mitte der 1950er bis Mitte der 1970er Jahre die Abholzung der Wälder im Zuge der rasanten Industrialisierung des Landes massiv vorangetrieben wurde. Als eine der ärmsten und rückständigsten Provinzen Chinas reagierte Guizhou langsamer auf diese Entwicklung und bewahrte umso mehr seine ursprüngliche Flora und Fauna. Das besonders zerklüftete, abgelegene Mayanghe-Gebiet im Nordwesten von Guizhou, nahe der Grenze zu Hunan, prägen große Karstschluchten und unglaublich steile, bewaldete Berge. Hier lebt eine Population

von Chinas interessantesten Primaten: die langgliedrigen Tonkin-Schwarzlanguren. Die erwachsenen Tiere sind tiefschwarz und haben spitze, konische Fellhauben und weiße Schnauzbärte. Die Jungen sind bis zum Alter von rund drei Monaten orange. Noch vor wenigen Jahrzehnten war die Affenart im Karst von Südchina weit verbreitet. Da sie jedoch wegen ihres Fleisches und der angeblichen medizinischen Eigenschaften ihrer Knochen, die bis vor Kurzem zu einem »Affenwein« genannten Tonikum verarbeitet wurden, intensiv bejagt wurde, haben nur kleine, verstreute Populationen überlebt. Heute ist der Verkauf von Affenwein illegal und die Affen stehen unter Naturschutz.

Am besten sieht man die Languren am späten Abend, wenn eine Schar zur Nachtruhe zusammenkommt. Man hört sie, bevor man sie sieht – raschelnde Äste verraten, wo einige Affen unter den Baumwipfeln speisen. Sie bewegen sich schnell, pflücken schmackhafte Knospen und Triebe und benutzen dabei ihre langen Schwänze zum Ausbalancieren. Wenn das Licht schwindet, ziehen die Affen einer nach dem anderen zu einer steilen, felsigen Klippe. Es ist erstaunlich, wie sie es schaffen, sich so schnell und sicher an der fast vertikalen Felswand zu bewegen.

An diesem Teil der Klippe markieren senkrechte braune Flecken häufig genutzte Routen. Die Jungen, deren Kletterkünste noch nicht so weit gediehen sind, klammern sich an das Fell ihrer Mütter, sobald sich die Schar zu einer niedrigen

OBEN
Hellköpfige Schwarzlanguren – sie leben im südlichen Guangxi – klettern aus ihrer Schlafhöhle. Die Affen haben außer dem Menschen keine Feinde. Das Bedürfnis, sich nachts zu verstecken, stammt wohl noch aus der Zeit, als viele Großkatzen in den Wäldern auf die Jagd gingen.

RECHTS
Ein Schwarzlangur mit schwarzem Kopf und weißem »Bart«.

Höhle hinauf begibt. Das Licht ist fast verschwunden, als der letzte Affe aus dem Blickfeld verschwindet. Jede Langurenschar hat ihre zwei oder drei Lieblingshöhlen – immer in steilen Felswänden –, die sie als Nachtlager nutzen. Dieses Verhalten scheint tief in der Kultur der Affen verankert zu sein und stammt vielleicht aus einer Zeit, als Räuber wie der Nebelparder in den südchinesischen Wäldern weit verbreitet waren.

Wer die subtropischen Wälder anderer Weltregionen kennt, dem wird nicht nur das Fehlen von Raubtieren oder größeren Säugern auffallen, sondern die insgesamt geringe Zahl von Tieren, sogar von Vögeln und Insekten. Dies liegt hauptsächlich an den überall präsenten menschlichen Jägern. Doch die Jagd ist für die Einheimischen nur eine Nebenbeschäftigung. Hier lebt eine – angesichts der rauen Landschaft erstaunlich hohe – Zahl von Menschen von der Landwirtschaft.

Reis für die Menschen

Praktisch jeder Hektar kultivierbares Land in Südchina wird für die Nahrungsmittelproduktion genutzt. An trockenen, felsigen Berghängen wachsen einzelne Maispflanzen auf kleinen Erdnestern, Büschel von Chilipflanzen und auf sorgfältig

UNTEN
Ein Miao-Subsistenzbauer pflügt mit seinem Ochsen seine am Hang gelegenen Reisterrassen bei Leishan in Guizhou. In den Reisfeldern werden auch Karpfen gezüchtet.

DIE KARPFENTEICHE

Viele Reisfelder bringen eine zweite, gleich wichtige Ernte: Karpfen. Die Verbindung zwischen Karpfen und Reis reicht wohl bis zu den Anfängen des Reisanbaus zurück. Damals lebten mehrere wilde Karpfenarten in den flachen Teichen Südchinas. Mensch und Tier profitieren von dieser Verbindung: Die Pflanzen fressenden Karpfen halten die Teiche von Wasserpflanzen frei, die Reisbauern schützen dagegen die Fischbrut vor Raubtieren. Vor allem vier Karpfenarten – Marmor-, Silber-, Gemeine und Graskarpfen – werden zum Eigenbedarf und Verkauf gezüchtet.

Karpfen und Reis sind wohl seit den Anfängen des Reisanbaus miteinander verbunden. Damals lebten mehrere wilde Karpfenarten in den flachen Teichen.

angelegten Erdterrassen Süßkartoffeln und Kürbisse. Auch die Häuser stehen oft an Bergen, teilweise, weil der Fels ein solides Fundament und eine gute Entwässerung bietet, vor allem jedoch, weil der flache, fruchtbare Talboden zu wertvoll ist, um mit Häusern verbaut zu werden. Dieses Land wird meist nur für den Anbau einer Pflanze genutzt: Reis.

Historische Berichte über den Reisanbau reichen 4000 Jahre zurück. Das klassische Chinesisch verwendet dasselbe Wort für Landwirtschaft und Reisanbau – Reis war also wohl schon ein Hauptnahrungsmittel, als sich diese Sprache ausformte. Reis zählt zur Familie der Gräser, wilde Sorten gedeihen noch immer in den Bergen von Yunnan und des restlichen Südchinas. Die Hauptart des langkörnigen Reises, der heute in ganz Asien angebaut wird (*Oryza sativa*), stammt von den Yunnan-Arten ab. Aus der wilden Staude *O. rufipogon* entwickelte sich schließlich *O. sativa*, der sich jährlich und nur mit menschlicher Hilfe fortpflanzt. Archäologen haben Körner von wildem und Kulturreis zwischen 10 000 Jahre alten Keramiken in Jiangxi und Hunan gefunden. Offensichtlich wurde Reis in Yunnan sogar schon früher angebaut.

Auch wenn eine solch alte Reisbauernkultur niemals exakt rekonstruiert werden kann, so stimmen die meisten Wissenschaftler doch darin überein, dass der Anbau von wilden Prototypen der Domestikation voranging. Wahrscheinlich wurden die Reiskörner von prähistorischen Menschen in regenreichen Gebieten gesammelt, wo die wilden Stauden an schlecht entwässerten Stellen wuchsen. Diese Menschen jagten und fischten und sammelten auch andere essbare Pflanzenteile.

Bai-Frauen pflanzen Reis in den Teichen – eine
anstrengende Arbeit. Durch das Überfluten der
Felder wächst der Reis schneller, und so wird das
Unkraut eingedämmt.

Im klassischen Mandarin wird Landwirtschaft und Reisanbau mit demselben
Wort bezeichnet. Dies zeigt, dass Reis bereits ein Grundnahrungsmittel war,
als sich die Sprache ausbildete.

OBEN
Traditionelle, am Hang gebaute Miao-Häuser mit angrenzenden Gemüse-gärten und Reisfeldern bei Leishan in Guizhou. Die Tiere werden im Erdge-schoss gehalten, den Reis lagert man unter dem Dach.

Doch dank ihrer Vorliebe für die leicht zu kochenden, schmackhaften Reiskörner begannen sie nach Sorten mit größeren Rispen und schwereren Körnern zu suchen und pflanzten diese an morastigen Stellen an. Zudem wählten sie früher reifende Sorten mit kurzen Körnern, die an trockenen Hängen wuchsen. Über einen langen Zeitraum entwickelten sich verschiedene, an regionale Bedingungen angepasste Reisstämme. Sogar heute noch rechnet man mit 140 000 unterscheidbaren Sorten.

Als sich die Reiskultur nord- und ostwärts in Gebieten Chinas verbreitete, in denen die winterlichen Temperaturen unter den Gefrierpunkt fallen, wurden die angebauten zu domestizierten Sorten: Bei der Fortpflanzung waren sie auf den Menschen angewiesen. Zugleich wurde der Wasserbüffel, dessen wilde Verwandte noch in Indien und Burma leben, in den Norden gebracht und zum Haustier.

Heute ist China mit einem fast nur im Süden gewonnenen Jahresertrag von rund 180 Millionen Tonnen der größte Reisproduzent der Welt. Am deutlichsten zeigt sich die Auswirkung des Reisanbaus im bergigen Yuanyang-Gebiet im südlichen Yunnan, wo Hunderte Terrassen bis zu 2000 Meter hoch liegen. Wenn man bedenkt, dass jede Terrasse aus dem Hang geschlagen und mit einfachsten Handgeräten geebnet wurde, wird man Hochachtung empfinden vor diesem riesigen Unterfangen, das in Ehrgeiz und Ausführung der Chinesischen Mauer gleichkommt.

Ein typischer südchinesischer Gruß lautet: »Hattest du heute deinen Reis?«, auf den man begeistert mit »Ja!« antworten muss. In Yunnan weiß ein Sprichwort:

»Zwischen Himmel und Erde hat der Reis die höchste Stellung.« Und junge Mädchen werden gewarnt, dass jedes Reiskorn, das sie in der Schüssel lassen, eine Pockennarbe auf dem Gesicht des Zukünftigen hinterlassen wird.

Reisanbau ist sehr arbeitsintensiv und erfordert reichlich Wasser – durchschnittlich braucht man 2000 Liter Wasser zur Produktion von einem Kilogramm Reis. Für diese Mengen ist ein ausgeklügeltes Bewässerungssystem erforderlich, das nur durch die Zusammenarbeit von Hunderten von Reisfeldbesitzern funktioniert. Dies hat die Kultur der ländlichen Gemeinschaften Chinas geprägt. Besucher sind immer wieder fasziniert vom Geist der Kooperation, der in solchen Gemeinden herrscht – und ganz besonders unter den Miao von Leishan in Guizhou.

Die Schwalbenvorhersage

Traditionell bestehen die Dörfer der Miao aus randvollen, schwer gedeckten Holzhäusern, die an den steilsten und am wenigsten fruchtbarsten Hängen kleben. Jeder Zentimeter des kultivierbaren Landes im Tal wird zum Anbau von Reis und Gemüse genutzt. Wie bei den meisten Reisbauernkulturen fällt in der Pflanz- und Erntesaison die meiste Arbeit an. Dann müssen alle kooperieren, um die Reisfelder auszubessern und vorzubereiten, die Setzlinge zu pflanzen und zu ernten. Leishan ist ein für Guizhou typisches, bergiges Gebiet, das der Volksmund verächtlich als

UNTEN
Eine Rötelschwalbe –
ein Frühlingsbote –
rastet auf einer Sitz-
stange im Fenster
eines traditionellen
Miao-Hauses.

»endlose Hügel, sonnenlose Himmel und geldlose Menschen« abtut. Die Winter sind kalt, und der Frühlingsanfang ist unsicher. Doch die Miao haben eine clevere Methode zur Vorhersage entwickelt, bei der Schwalben eine entscheidende Rolle spielen.

Jedes Haus ist ähnlich angelegt: Der große Vorraum blickt auf die Reisfelder. Im Frühjahr steht mindestens ein Fenster offen, und an den Dachbalken des Vorraums werden hölzerne Halter angebracht, auf denen die Schwalben nisten. Ab Mitte April haben sich in den meisten Häusern ein oder mehrere Rötelschwalbenpaare niedergelassen, die fleißig das Nest vom Vorjahr mit Lehm ausbessern.

Für die Miao symbolisieren die Schwalben Glück und ehelichen Segen. Sie glauben, dass die Vogelpaare ein Leben lang zusammenbleiben und stets dieselben Paare zu ihren Häusern zurückkehren. Sie glauben zudem, dass die Schwalben die Jahreszeiten voraussagen und bestimmen deshalb anhand ihrer Rückkehr die optimale Pflanzzeit. Sobald der weise Mann diesen Zeitpunkt bestimmt hat, wird ein Pflanzplan erstellt. Da eine Dorfgruppe ein rund 2000 Quadratmeter großes Reisfeld in wenigen Stunden mit Reissetzlingen bestücken kann, wird der schlammbraunen Flickenlandschaft innerhalb von drei oder vier Tagen in fast magischer Geschwindigkeit ein smaragdgrünes Kleid übergestreift. Dann beginnen die Feierlichkeiten.

Wildtiere auf dem Rückzug

Fischfresser wie Otter und Fischadler sowie Reis fressende Vögel wie Spatzen, Ammern, Pracht- und Tigerfinken werden seit Jahrhunderten bejagt, Wälder für Feuer- und Bauholz abgeholzt und Wildtiere traditionell als Nahrung und zu medizinischen Zwecken genutzt. Es ist deshalb nicht überraschend, dass Wildtiere – außer als kulturell bedeutend geltende Arten – selten geworden sind. Einige südchinesische Tiere wie das Panzernashorn und der Große Panda sind hier schon lange, andere Arten wie der Südchinesische Tiger und der Asiatische Schwarzbär erst vor Kurzem verschwunden. Viele andere überleben derzeit in extrem geringer Zahl, darunter Raubtiere wie der Leopard, größere Reptilien, die Mehrzahl von Chinas Süßwasserschildkröten und mehrere Amphibienarten. Hierzu zählt auch die größte Amphibie der Welt, der Chinesische Riesensalamander.

Der Chinesische Riesensalamander gleicht einer riesigen gefleckten grauen Gurke mit seitlichen Stummelbeinen. Er ist mit Hautwülsten sowie warzigen Beulen und Schleim bedeckt, hat einen flachen Kopf, ein breites Maul, winzige Schweinsäuglein und kann über 1,5 Meter lang werden. Er jagt aus dem Hinterhalt und braucht deshalb eine perfekte Tarnung, um sich auf dem Grund flacher Bäche zu verstecken, wo er vorbeischwimmende Fische oder andere Leckerbissen verschlingt. Die Chinesen nennen ihn »Babyfisch«, weil sein Schrei dem Weinen eines Babys gleicht. Dieses monströse Wesen war früher in ganz Süd- und Zentralchina, besonders im Karst, verbreitet, ist heute jedoch selten geworden – vor allem, weil er bei wichtigen Banketten gerne als besondere Köstlichkeit serviert wurde.

Canyons und Wasserfälle

Angeblich lebt der Riesensalamander noch in den Flüssen der abgelegenen Canyons in der Region Zhangjiajie in der Provinz Hunan. Die märchenhafte Felslandschaft des Wulingyuan-Gebietes nördlich von Zhangjiajie ist vielleicht die dramatischste Landschaft in ganz China. Bis zu 300 Meter ragen hier schlanke Steinspitzen aus engen, bewaldeten Schluchten auf, in denen Wasserfälle in die Tiefe stürzen.

Diese einzigartigen geologischen Formationen sehen aus wie eine extreme Karstvariante, sie bestehen jedoch aus hartem quarzhaltigem Sandstein. Bislang gibt es keine überzeugende Erklärung für die extreme Form der Wulingyuan-Spitzen. Heute zählen sie zu Chinas populärsten landschaftlichen Sehenswürdigkeiten und locken jährlich über zwei Millionen Besucher an.

Südlich von Zhangjiajie fließen einige Flüsse nach Osten aus dem Karst hinaus und vereinen sich zum Yuan Jiang, der nach Osten in den großen Dongting-See fließt. Er gehört zu einem riesigen Komplex von Altwassern und Nebenflüssen des Chang Jiang oder Jangtse und bildet die östliche Grenze eines riesigen Tieflands, das auch als »Fisch- und Reisland« bekannt ist.

Die großen Seen

Das Fisch- und Reisland zeigt ein vollkommen anderes Gesicht als die felsigen Berge im Westen. Diese weitaus wohlhabendere Region ist sehr viel dichter besiedelt. Hier verlaufen überall Straßen und Stromleitungen, und die Landwirtschaft basiert stärker auf Maschinen. Wenn bereits in den dünner besiedelten Karstlandschaften so wenige Wildtiere vorkommen, wie sollen sie dann in einem so dicht besiedelten Gebiet überleben? Tatsächlich ist das Areal jedoch ein wichtiges Wildtier-Refugium.

Der Dongting-See bedeckte einst eine riesige, rund 4300 Quadratkilometer große Fläche. Doch mit steigendem Reisbedarf, der unter der Liu-Song-Dynastie (Mitte des 5. Jahrhunderts n. Chr.) einsetzte, wurde ihm mithilfe von Deichen immer mehr Land abgepresst. Die Entwässerung am Mittel- und Unterlauf des Jangtse beschleunigte sich zwischen 1950 und 1980, als schätzungsweise 12 000 Quadratkilometer Seen und Watten in landwirtschaftliche Nutzflächen umgewandelt wurden. Der See schrumpfte und mit ihm seine Fisch- und Vogelpopulationen.

Im Jahr 1990 änderte die Regierung jedoch ihre Politik und verwandelte ein großes landwirtschaftliches Gebiet wieder in einen See. Tausende Menschen wurden umgesiedelt und für den Verlust ihrer Reisfelder entschädigt. Zur gleichen Zeit wurden viele Vogelarten unter strengen Naturschutz gestellt. Die Fischbestände wuchsen und die Vögel kehrten zurück. Heute ist der See ein wichtiger Zufluchtsort für überwinternde seltene Arten wie Schwanengans, Zwergschwan, Schwarz-schnabelstorch, Nonnen-, Mönchs- und Weißnackenkranich. Weiter östlich bietet der noch größere Poyang-See ein weiteres bedeutendes Winterquartier, an dem sich

LINKS
Der seltenste Kranich
der Welt: der Nonnen-
kranich. Der Großteil
der noch verbliebe-
nen Vögel überwin-
tert in den lebens-
wichtigen Feucht-
gebieten von Poyang
und Dongting. Von
dort fliegen sie zum
Brüten wieder nord-
wärts nach Sibirien.

etwa 40 000 bis 50 000 Schwanengänse, 60 000 bis 70 000 Zwergschwäne und jeweils rund 3000 der gefährdeten Schwarznabelstörche sowie der stark gefährdeten Nonnenkraniche niederlassen. Letztere werden in China weiße Kraniche genannt. Sie überwintern am Poyang- und am Dongting-See (sowie in Indien), wo sich über 95 Prozent der weltweiten Population aufhalten.

Die stehend 1,4 Meter hohen Nonnenkraniche sind mit ihrem weißen Gefieder, schwarzem Schnabel, gelben Augen und lebhaft roten Gesicht und Beinen außer-ordentlich schöne Vögel; sie stoßen einen eindringlichen, flötenartigen Schrei aus. Ob-wohl sie in ihren sommerlichen Brutgebieten in Nordrussland und ihren chinesischen Wintergebieten streng geschützt werden, halten die Zugvögel sich fern von Menschen, was in dieser dicht besiedelten Region der reinste Spießroutenlauf ist. Am Poyang-See ist es deshalb fast unmöglich, sich ihnen mehr als auf etwa 200 Meter zu nähern, bevor sie davonfliegen. Genauso scheu sind die Zwerg- und Schwanengänse. Da das von den Vögeln genutzte Schutzgebiet über 220 Quadratkilometer groß ist – der ganze See bedeckt eine Fläche von 5000 Quadratkilometern – erfordert die erfolgreiche Vogel-beobachtung viel Geduld und ein leistungsstarkes Fernglas.

Ungeachtet der Schutzzonen in zahlreichen Feuchtgebieten am Mittel- und Unterlauf des Jangtse sind die einheimischen Fischer noch ein Störfaktor, da sie die Seen mit lauten Motorbooten befahren. Sie machen es den Vögeln schwer, ungestört zu fressen und während der kritischen Vorbereitung für die Frühjahrswanderung und die kommende Brutsaison die notwendigen Reserven anzulegen.

Schlammige Drachen

Östlich des Poyang-Sees verlässt der Jangtse die Provinz Hubei und erreicht die südwestliche Spitze der Provinz Anhui. Von dort aus fließt er nach Nordosten Richtung Jiangsu und zurück Richtung Südosten nach Shanghai, wo er ins Ostchinesische Meer mündet. Die Landschaft von Süd-Anhie ist ein Labyrinth aus kleinen Flüssen, die sich aus den Bergen im Süden ergießen. Zwischen den überfluteten Reisfeldern stolziert der Bacchusreiher auf der Suche nach Fröschen, während Graufischer wie Kolibris über die klaren Flüsse schweben.

Es ist Frühsommer im Fisch- und Reisland, und irgendetwas macht die Enten nervös. Eine Wildente schart ihre Küken um sich. Ein Wasserhuhn schlägt laut im Schilf Alarm. Nahe am Ufer taucht ein dunkler Kopf auf. Reptilienaugen erforschen die Ufervegetation, und der schwimmende Kopf dreht sich so, dass man ein breites Maul mit nach unten gerichteten spitzen Zähnen erblickt.

Der China-Alligator – in China nennt man ihn »tu long«, »schlammiger Drache« – ist der einzige Alligator der Alten Welt. Wie er hierher kam, ist ein Rätsel. Alligatoren stammen von den uralten Archosauriern ab, die es schon vor den Dinosauriern gab. Vor 140 Millionen Jahren begannen sie in der Neuen Welt ihre typi-

UNTEN
Chinas Alligatoren, die »tu long«, leben nur noch selten in freier Wildbahn, gedeihen jedoch in Gefangenschaft.

Noch immer stören einheimische Fischer, die die Seen mit lauten Motorbooten befahren und es den Vögeln schwer machen, in Ruhe zu fressen und während der kritischen Vorbereitung für die Frühjahrswanderung und die kommende Brutsaison Reserven anzulegen.

DER HÜTER DER DRACHEN

»Ich nenne sie alle Drachen Chang, weil sie für mich wie Söhne und Töchter sind. Jeder hier in der Gegend kennt mich und weiß, dass er meine Kinder nicht verletzen darf.«

»Sie werden jetzt den Drachen Chang kennenlernen«, sagt Chang Jinrong, der ein geköpftes Huhn mit einer Zange hält. Ein breites, mit Zähnen bewehrtes Kieferpaar taucht aus dem Wasser auf, nimmt das Huhn überraschend vorsichtig und schlingt es hinunter. »Hier gibt es neun Alligatoren«, erzählt der fast 80-jährige Chang. »Ich nenne sie alle Drachen Chang, weil sie für mich wie Söhne und Töchter sind. Jeder hier kennt mich und weiß, dass er meine Kinder nicht verletzen darf.«

Chang genießt die Berühmtheit, die er durch die Alligatoren in den Tümpeln bei seinem Haus erlangt. Die Wände der kleinen Hütte, wo er die meiste Zeit des Tages verbringt, zieren gemalte Slogans – »Schützt die chinesischen Alligatoren« – und Zeitungsausschnitte, die ihn beim Füttern zeigen. »Ich bin in der ganzen Region berühmt«, verkündet er stolz.

Changs Drachen sind Wildtiere – sie leben nur zufällig in einem dicht besiedelten landwirtschaftlichen Gebiet in der südlichen Provinz Anhui, inmitten von Dörfern, lauten Straßen und einem wahren Dschungel aus Strommasten. Leider haben die Reptilien die Gewohnheit, tiefe Löcher an den Rändern der Gewässer zu graben, in denen sie leben. Dabei unterhöhlen sie manchmal die Erddämme der Reisfelder, die sehr wichtig sind, um die Wasserpegel in der Wachstumsperiode zu kontrollieren – so schafft man sich Feinde. Nur Menschen wie Chang schützen die schlammigen Drachen vor der Ausrottung.

schen breiten Schädel zu entwickeln, bei dem der vierte obere Zahn in eine Vertiefung im Unterkiefer passt und abgedeckt wird, wenn der Kiefer geschlossen ist. Erstaunlich viele Alligatorarten wurden in verschiedenen Gebieten Nordamerikas als Fossilien in Felsen aus der Kreidezeit gefunden – aber nicht in China. Wissenschaftler vermuten, dass in der späten Kreidezeit Vorfahren des China-Alligators über eine Landbrücke, die heute von der Beringstraße überflutet ist, von Amerika nach Ostrussland kamen und sich von dort ausbreiteten. In Asien angekommen, erreichten sie Südchina, wo sie sich zu zähen Überlebenskünstlern entwickelten.

Im Vergleich zu ihren amerikanischen Cousins sind die China-Alligatoren erstaunlich klein. Selten werden sie mehr als zwei Meter lang. Sie ernähren sich von Vögeln, Fischen, Fröschen und Wirbellosen, die es in den Talauen des Jangtse und seinen zahllosen Seen, Sümpfen und Nebenflüssen reichlich gibt. Das Klima hier ist relativ mild. Die Temperaturen erreichen im Sommer rund 35 °C und fallen im Winter selten unter den Gefrierpunkt. Wie die meisten kaltblütigen Reptilien vermeiden Alligatoren Temperaturen unter etwa 10 °C und verstecken sich dann in unterirdischen Höhlen. Die Winterruhe beginnt etwa Ende Oktober, und die erwachsenen Tiere tauchen Ende März wieder auf. Mitte Mai sind sie bereit für ihr Liebeswerben, bei dem die Männchen mit lautem Gebrüll Gefährtinnen anlocken.

Heute gibt es vielleicht nur noch 150 wild lebende China-Alligatoren – sie zählen zu den gefährdetsten Krokodilarten. Die Ursachen sind nur zu vertraut: Verfolgung (weil sie die Reisfelder umwühlen und aufgrund ihres Appetits auf Fische und Enten als Schädlinge gelten) sowie Jagd für den Kochtopf und wegen ihrer angeblichen heilenden Eigenschaften – ihr Verzehr soll unter anderem das Leben verlängern. Nur strengster Naturschutz sichert ihr Fortbestehen.

Das Wunder ist jedoch, dass es überhaupt noch China-Alligatoren gab, als die chinesische Regierung Anfang der 1980er Jahre ein Interesse für ihr Wohlergehen entwickelte. In den vorangegangenen Jahrzehnten hatte sich Chinas Bevölkerung

UNTEN
Eine Brücke verbindet zwei riesige Granitspitzen des Huang Shan, des Gelben Berges. Dieses Welterbe ist berühmt für seine landschaftliche Schönheit und seine alten Huang-Shan-Kiefern. Viele Pflanzenarten des Gebirges wachsen nirgends sonst auf der Welt.

mehr als verdreifacht, zuvor als nutzlos angesehenes Land wurde in Agrarflächen umgewandelt. Wildtierstudien Ende der 1970er Jahre alarmierte die Behörden über die Krise, in der die einzigartigen schlammigen Drachen steckten. 1982 startete das Forstministerium ein Projekt, Schutzgebiete für die wenigen verbliebenen winzigen Populationen auszuweisen. Bei der letzten Zählung fand man Alligatoren zwischen 13 Seen in einem Gebiet von etwa 3000 Quadratkilometern.

In der südlichen Anhui-Provinz gründete man zudem bei Xuancheng eine Zucht mit 500 in Gefangenschaft gehaltenen erwachsenen Alligatoren. Der älteste ist über 40 Jahre alt. Jedes Jahr werden rund 1600 Eier aus den Nestern, die die Weibchen auf Inseln gebaut haben, gesammelt und ausgebrütet. Das Zentrum lässt keine jungen Alligatoren frei – angeblich um die genetische Struktur der einheimischen wilden Populationen nicht zu stören. Tatsächlich werden die überzähligen Alligatoren jedoch nach Zentimeterlänge verkauft und landen in den Kochtöpfen der einheimischen Restaurants.

Die Reichtümer von Caohai

Alligatoren sind jedoch nicht die einzigen »Drachen« im Reis- und Fischland. Im Sommer leben in der Ufervegetation an jedem südchinesischen Fluss, Teich und Moor spektakuläre Libellen und Kleinlibellen. Hier gibt es riesige golden gestreifte Edellibellen, Prachtlibellen mit orangefarbenen und himmelblauen Körpern sowie Scharen von Kleinlibellen. Manche Arten bilden riesige Schwärme.

In der Provinz Guizhou erstreckt sich nahe der Grenze zum nördlichen Yunnan in einer spektakulären Berglandschaft ein wenig bekanntes Feuchtgebiet auf 2200 Metern Höhe. Hier leben so viele Libellen, dass sie die Basis eines lokalen Erwerbs-zweigs bilden. Im Sommer ernten die Dorf-bewohner von Caohai die plumpen Nym-phen der Libellenart *Anax partheope* mit Netzen und breiten sie auf den Flach-dächern ihrer Häuser aus. Einheimische Händler liefern die getrockneten Insekten säckeweise an Restaurants in ganz Südchina, wo sie als Delikatesse serviert werden.

In Caohai gibt es noch andere Mini-Monster. So findet man nur hier den selte-nen Kweichow-Krokodilmolch, einen kampflustigen, kurzbeinigen, warzenbewehrten Räuber mit einem übergroßen Maul voller kleiner, scharfer Zähne. Über sein Verhalten in freier Wildbahn weiß man nur wenig. Man nimmt jedoch an, dass er sich hauptsächlich von Würmern, Insekten und anderen wirbellosen Landtieren ernährt. Wenn er sich bedroht fühlt, produziert seine warzige Haut ein giftiges Sekret zur Verteidigung. Dank seiner lebhaften, scharlachrot-schwarzen Färbung, die zur Abschreckung vor Raubtieren dient, zählt er zu den schönsten Amphibien Chinas und wird von Sammlern heiß begehrt.

Caohai – aus dem Chinesischen übersetzt »Grasmeer« – wird vom WWF als eine der zehn besten Vogelbeobachtungsgebiete der Welt geführt. Hier ist ein Waldgebiet speziell für den Schutz des seltenen endemischen Königsfasans ausgewiesen. Vor allem besteht Caohai jedoch aus sumpfigen Feuchtgebieten, die die Hauptattraktion für Vogelliebhaber darstellen. Im Winter finden sich hier bis zu 100 000 Vögel von der Tibet-Hochebene und noch weiter entfernten Regionen ein, darunter Eurasische und Mönchskraniche, Schwarzschnabel- und Schwarzstörche, Streifen- und Rostgänse. Die unangefochtenen Stars sind jedoch die fast tausend Schwarzhalskraniche – die letzte Hochlandkranichart der Welt.

Affental

Die Flüsse, die die Reisgebiete und Alligatortümpel der Provinz Anhui speisen, entspringen in dem großen Granitmassiv Huang Shan im Süden. Der Huang Shan (chinesisch für »gelber Berg«) ist in China für zwei Phänomene berühmt: seine phantastischen Granitspitzen, die über einem Wolkenmeer zu treiben scheinen, und seine knorrigen alten Kiefern, die in zahllosen klassischen chinesischen Gemälden verewigt sind. Wie Guilin und Zhangjiajie ist Huang Shan ein Magnet für chinesische Touristen und Fotografen, die stundenlang an einer der drei Seilbahnen anstehen, um im kühlen Bergnebel frösteln zu dürfen. Überraschenderweise machen nur wenige einen kleinen Umweg in eines der Täler am Fuß des Massivs, wo ein – zumindest für Tierliebhaber – weitaus lohnenderes Erlebnis wartet.

Im Affental leben die derbsten, zähesten, gemeinsten Primaten Chinas: die Tibetmakaken. Obwohl sie relativ klein und gedrungen sind, können die unglaublich starken, oft aggressiven Männchen bis zu zwölf Kilogramm wiegen. Jedes Eindringen in ihr Territorium erfordert Vorsicht und einen erfahrenen Führer, der die Affenetikette kennt. Als oberste Regel gilt, stets Respekt zu zeigen, die Affen niemals unverschämt anzustarren oder Augenkontakt zu suchen. Wer diese Regel bricht, bekommt Probleme. Jeder Affe, der einen Blick auf sich spürt, wird eine ganze Palette von Drohgebärden aufführen und dann zu einem wütenden Angriff starten. Die meisten einheimischen Führer sind mit einem großen Stock oder Steinen bewaffnet, um solche Angriffe abzuwehren. Wer jedoch vorsichtig ist, für den können eine oder zwei Stunden unter den Makaken ein faszinierendes Erlebnis bedeuten.

Beide Geschlechter tragen einen prächtigen, grau-braun gestreiften Pelz, der wunderbar warm ausschaut – perfekt angepasst an das Bergklima. Die Gesichter der kräftigeren Männchen erinnern an die erwachsener Orang-Utan-Männchen: klein,

mit eng zusammenstehenden Augen in einem breiten, runden Gesicht. Die zierliche-
ren Weibchen sind schon von Weitem an ihren violett-rosa Augenlidern erkennbar,
mit denen sie Unterwerfung oder Missfallen ausdrücken oder einfach flirten. Wenn
sie nicht fressen oder unterwegs sind, scheinen die Jungen zu ihrem Vergnügen in jeder
freien Minute zu kämpfen, zu beißen, sich gegenseitig am Schwanz zu ziehen.

UNTEN
Ein Tibetmakaken-
pärchen. Eine große
Population lebt im
Affental am Fuße des
Huang Shan.

Der Kaskadenfrosch und die Nasenotter

An der Flussseite, an der sich die Affen mehrmals täglich vom Personal des Natur-
schutzgebietes mit Körnern füttern lassen, lebt eine weitere ganz besondere Kreatur.
Der Kaskadenfrosch hat zwei einzigartige Merkmale. Er ist der einzige Frosch mit
einem Gehörgang und das erste bekannte Wirbeltier, das nicht zu den Säugetieren
zählt und Ultraschalltöne erzeugen kann, und zwar in einer höheren Tonlage als die

meisten Fledermäuse. Wissenschaftler nehmen an, dass die beiden Phänomene miteinander verbunden sind: Die dünnen, inneren Trommelfelle sind empfänglicher für höhere Frequenzen, weshalb die Frösche die Ultraschalltöne über dem tieferen Hintergrundgeräusch der reißenden Gewässer, an denen sie leben, hören können.

Bis vor Kurzem fielen Kaskadenfrösche einem gefräßigen Raubtier der einheimischen Flüsse zum Opfer: der auffällig gefärbten Goldkopf-Scharnierschildkröte, einer der 25 in China einheimischen Süßwasserschildkröten. Schildkröten sind in China heiß begehrte Nahrungs- und Heilmittel, und die meisten Arten sind gefährdet oder ausgerottet – darunter alle acht Scharnierschildkrötenarten. Einzelne Tiere können deshalb umgerechnet bis zu 150 000 Euro bringen.

Doch ein lokales Reptil scheint sich in dem Gebiet wacker zu halten. Die Chinesische Nasenotter gilt als die gefährlichste Schlange Chinas. Das spektakuläre Reptil wird bis zu 1,5 Meter lang, hat einen dicken, muskulären Körper, ist wie eine Diamant-Klapperschlange gezeichnet und hat einen breiten dreieckigen Kopf mit einem nach oben gerichteten hornförmigen Nasenfortsatz. Die einheimischen Makaken haben eine Todesangst vor der Schlange. Sie warnen sich gegenseitig mit einem bestimmten Alarmruf, sobald eine Otter gesichtet wird, sodass sie schnell auf den nächsten Baum flüchten können. Glücklicherweise ist die Nasenotter ein Bodenjäger und auf die Jagd auf Nagetiere und Vögel spezialisiert – vor allem nachts und nahe am Wasser. Bis heute haben sie ihre Tarnzeichnung und ihr Bergwald-Habitat vor einer Überjagung geschützt, doch ist sie noch immer eine beliebte Ingredienz in medizinischem »Schlangenwein«.

OBEN
Die von den Affen gefürchtete Nasenotter wird von Menschen als Ingredienz in medizinischen Weinen geschätzt.

Eine Zukunft für Wildtiere?

Die Aussichten für die Wildtiere Südchinas sind gemischt. Ermutigend sind die Bemühungen der chinesischen Regierung, immer mehr Schutzgebiete einzurichten. Zudem wurde der Handel mit vielen Wildtierarten verboten – doch die Durchsetzung der Gesetze ist extrem schwierig. Entmutigend ist die noch immer andauernde, kulturell verankerte Auffassung vieler Südchinesen, dass die Natur vor allem dazu da ist, um die Menschen mit Nahrung und Medizin zu versorgen. Mit dem rapiden Anstieg des verfügbaren Einkommens unter den Stadtbewohnern steigt auch die Nachfrage nach teuren Speisen aus Wildtieren, die als besonders gesund gelten. Deshalb muss die weitere Zukunft der Wildtiere Südchinas mit Sorge betrachtet werden.

Überfüllte Küsten

EIN GROSSTEIL VON CHINAS BEGEHRTESTEM LAND LIEGT AN DER 14 500 Kilometer langen Küste und deren Hinterland. Die hier überlebenden Wildtiere konkurrieren mehr als in anderen Regionen Chinas mit den Menschen um Raum. Aus dieser engen Verbindung entstanden faszinierende Beziehungen. Um jedoch Chinas Küstenleben zu verstehen, ist ein Blick in die Vergangenheit notwendig.

Chinas heutige Küstenlinie entstand, als in einer warmen Periode nach der letzten Eiszeit der Meeresspiegel langsam anstieg. Ein Überlebender aus diesen dramatischen Zeiten lebt in Chinas nördlichstem Golf, Bo Hai, wo das Meer im Winter zufriert: die Largha-Robbe. Sie ist die einzige Hundsrobbe, die in chinesischen Gewässern ihre Jungen aufzieht. Im Frühjahr zieht sie sich auf das Eis zurück, um zu gebären. Sobald die Jungen Fische fangen können, versammeln sich die Robben im Norden des Bo Hai und ziehen nach Süden zur Halbinsel Shandong. Dort verlieren sie ihren Winterpelz und verbringen den Sommer vor der Küste Nord- und Südkoreas.

Die wegen ihres Pelzes, Fleisches und ihrer Penisse gejagten Robben sind nervös. Man kommt kaum an sie heran. Sie stehen in China zwar unter Naturschutz, werden aber gewildert. Zudem leiden sie unter der Umweltverschmutzung.

OBEN
Largha-Robben vor der nordchinesischen Küste. Die einzigen Hundsrobben, die in chinesischen Gewässern ihre Jungen aufziehen, werden illegal gejagt und sind deshalb menschenscheu.

SEITE 180/181
Ein unerschlossener Strand in der Provinz Fujian. Flache Küstengebiete werden für die touristische, agrarische oder industrielle Nutzung immer beliebter.

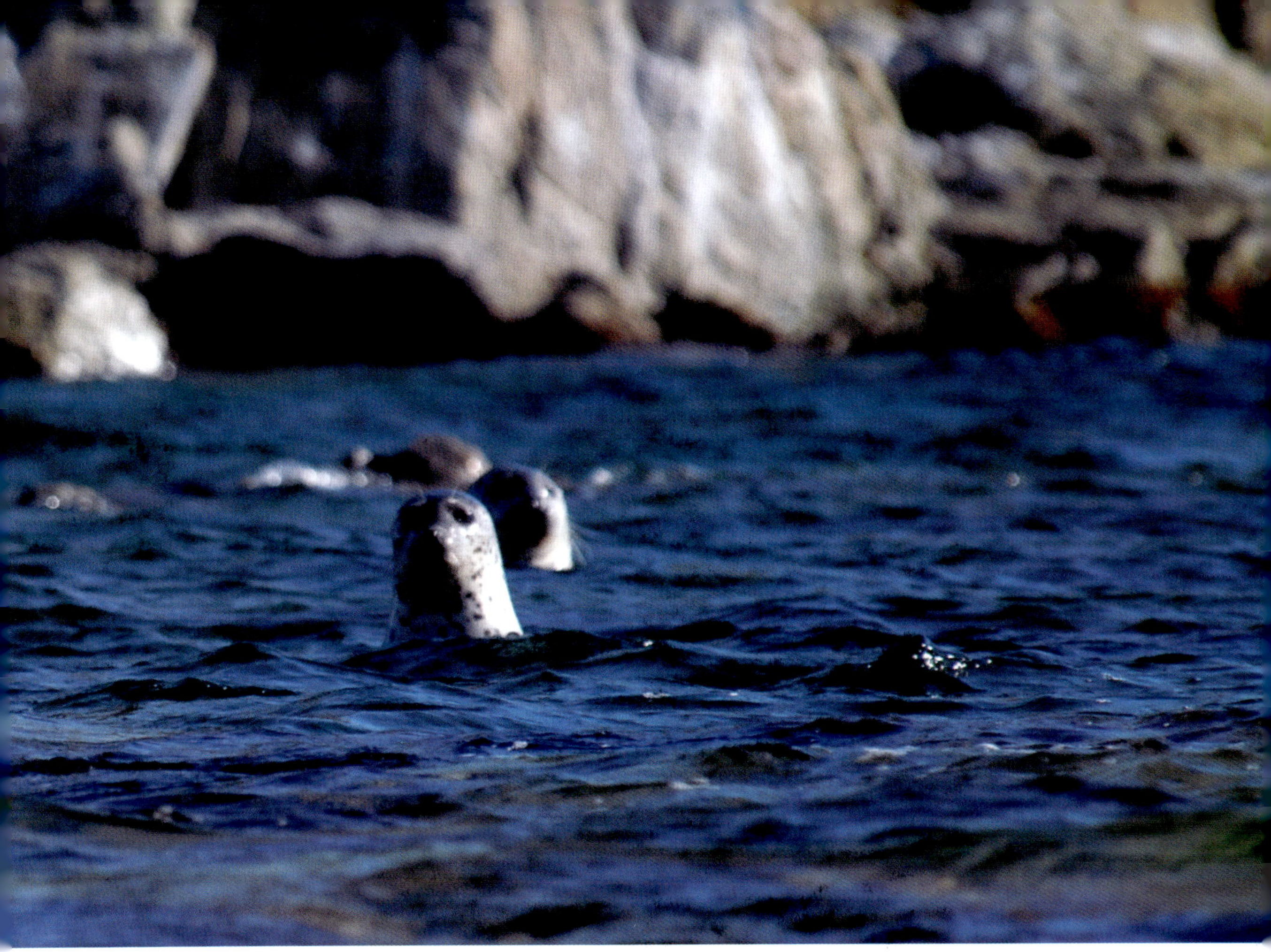

Die Veränderung des Meeresspiegels am Ende der letzten Eiszeit betraf auch die Vipernart *Gloydius shedaoensis*. Wie viele andere Tiere flohen die Schlangen nicht vor dem ansteigenden Wasser und strandeten schließlich auf den zu Inseln gewordenen Bergen. Auf Shedao mussten sie ihre Ernährung von Nagetieren auf kleine Zugvögel und Insekten, sich selbst auf magere und fette Zeiten umstellen. Zehn Monate lang haben die Schlangen kaum etwas zu beißen und dösen in ihren Höhlen. Doch im Herbst und Frühjahr locken Shedaos Süßwassertümpel müde und durstige Singvögel an, die auf der Flucht vor strengen Wintern nach Südasien und im Frühjahr wieder zurück in die sibirischen Brutgebiete fliegen. Ihre Ankunft sowie die gleichzeitig steigenden Temperaturen versetzen die Schlangen in Alarm. Sie kriechen auf Sträucher und legen sich – häufig an Lieblingsjagdplätzen – auf die Lauer.

Eine erfolgreiche Jagd erfordert ein unglaubliches Timing und extreme Präzision, denn die Schlangen haben nur eine kurze Reichweite. Und geschnappte Vögel kämpfen oft noch um ihr Leben, sodass die Mahlzeit an eine weiter unten lauernde Jagdgenossin verloren gehen kann. Heute gibt es auf der kleinen Insel so viele Vipern, dass sie eine der dichtesten Schlangenpopulationen der Welt bilden.

UNTEN
Eine Shedao-Otter wärmt sich in der Sonne auf und lauert auf vorbeikommende Vögel.

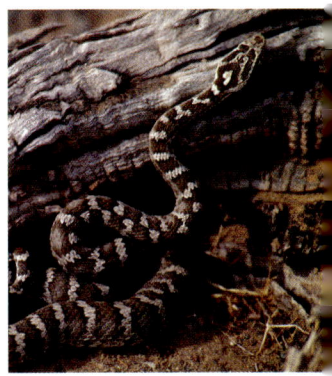

Die Geburt der Zivilisation

Die großen Ströme Chinas entspringen aus dem Eis im Tibet-Hochland. Am Meer bilden der Gelbe Fluss (Huang He), der Jangtse (Chang Jiang – historisch Da Jiang) und der Perlfluss (Xi Jiang) Ästuare, die für einen Großteil von Chinas Küsten-wildtiere überlebenswichtig sind.

Der Gelbe Fluss durchfließt neun Provinzen, bevor er nach seiner 5500 Kilo-meter langen Reise im Bo-Hai-Golf mündet. Doch dies war nicht immer so: Auf-grund der schweren Sedimentlast, die er mit sich trägt, hat der Strom schon oft seinen Lauf gewechselt – sogar bis zum Süden der Shandong-Halbinsel. Sein Delta gehört deshalb zu den sich am schnellsten verändernden Küstengebieten der Welt. In diesem dynamischen Gebiet entstand eine der frühesten chinesischen Kulturen. Die fruchtbaren Sedimente des Deltas und der Überfluss an Meerestieren lockte die Shao Hao an, die zu den ersten Bewohnern gehörten, die vom Jagen und Sammeln zur Landwirtschaft übergingen. Diese Deltabewohner zog der Berg Jinping im fruchtbaren Hochland des Landesinneren magisch an – dort zeichneten sie vor 7000 Jahren auf der Jianjun-Granitklippe ihr Leben auf. Die Petroglyphen zeigen Chinas erste Darstellung von Landwirtschaft: menschenähnliche Figuren, die durch vertikale Linien mit Weizenbündeln verbunden sind. Am faszinierendsten ist aber wohl die Abbildung der Milchstraße, die der alten Stätte ihren Zauber verleiht. Man kann nur über die Zeit und die Geduld staunen, mit der Chinas erster Sternenatlas erstellt wurde. Vermutlich wurde dieser Fels zur astronomischen Beobachtung und als Altar für phallizistische und ahnenverehrende Riten genutzt.

Der Gelbe Fluss wird seit Jahrtausenden von Menschen manipuliert, doch nun hängen 120 Millionen Menschen direkt von ihm ab. Deshalb wird so viel Wasser abgezapft und umgeleitet, dass nur noch wenig die Küste erreicht. Ganze 226 Tage lag das Delta 1997 trocken. Die 2708 Quadratkilometer großen Feuchtgebiete, die der Fluss seit 1855 an der Küste schuf, schrumpfen bereits in Richtung Süden.

DIE MANDSCHURENKRANICHE

Ein Teil des riesigen Wattengebiets der Provinz Heilongjiang steht im Reservat Zhalong unter Naturschutz. Hier kommen im Frühjahr die Mandschurenkraniche zum Brüten an. Wer ein morgendliches Duett beobachten möchte, durch das ein Paar seine lange Partnerschaft bekräftigt und seinen Nistplatz beansprucht, muss lange vor Tagesanbruch aufstehen und durch eisbedecktes Wasser waten. Im Brutzentrum des Reservats kann man die Dinge näher betrachten. Hier werden die Eier den nistenden gefangenen Kranichen schon früh weggenommen, damit sie noch einmal legen. Die Eier werden von einem Pärchen ausgebrütet, das sie in abwechselnden Nachtschichten dreht und bei der Geburt der langbeinigen Küken hilft. Diese sind so groß, dass man kaum glauben kann, dass sie in die Eier passten; sie werden mit der Hand aufgezogen.

Einige freigelassene Vögel haben ihre Küken im Reservat aufgezogen. Die wahre Herausforderung für die Vögel ist jedoch der Zug nach Süden, bei dem sie die Küste zwischen Salzmarschen und Deltas hinabfliegen. Ihr erster Ruheplatz ist das Shuangtai-Ästuar des Liao-Flusses in der Liaodong-Bucht im Nordosten des Bo-Hai-Golfes, wo sich eines der größen zusammenhängenden Schilfgebiete der Welt erstreckt. Dort erholen sie sich zusammen mit 106 anderen Vogelarten, bevor sie nach Süden zum Delta des Gelben Flusses und weiter zum Biosphärenreservat Yancheng nördlich von Shanghai fliegen.

Die Eier werden den nistenden gefangenen Kranichen schon früh weggenommen, damit sie noch einmal legen. Die Eier werden von einem Pärchen ausgebrütet.

Feuchtgebiete im Delta

Chinas zwei Millionen Hektar große Watten wurden jahrtausendelang zum Anbau von Schilf, Reis und Weizen sowie für Aquakulturen – Krabben, Venusmuscheln, Miesmuscheln und Austern – genutzt. Seit 119 v. Chr. wird hier zudem Salz erzeugt, heute belaufen sich die jährlichen Erträge auf 20 Millionen Tonnen. In der Folge ist nur mehr wenig Küste in naturbelassenem Zustand verblieben.

Im Naturschutzgebiet Yancheng (»Salzstadt«) an der Küste des Gelben Meeres kommen jeden Herbst Scharen von Gänsen, Enten und Kranichen an, um hier in den Salzwiesen und Watten zu überwintern. Ein besonders eindrucksvolles Spektakel führen die Fleckschnabelenten auf, wenn sie sich zu Tausenden mit lautem Flügelschlag vom Wasser abheben, um den Fängen der Mangrovenweihen zu entgehen. Dabei zeichnen sie atemberaubende Muster in die Luft, wenn sie wie Starenschwärme am Himmel kreisen und durcheinanderwirbeln. Solche Massenflüge werden leider auch durch verbotene Gewehrschüsse ausgelöst.

Im Yancheng- und dem nahen Dafeng-Naturschutzgebiet lebt eine seltene, scheue Hirschart. Der in freier Wildbahn seit dem frühen 20. Jahrhundert ausge-

rottete »Sze-pu-shiang« oder Davidshirsch lebt heute auf den geschützten Küsten-
wiesen. Die häufig auch »Milu« genannten Tiere (obwohl »Milu« Sikahirsch bedeutet)
wurden seit Urzeiten vom Menschen gejagt.

Als erster Ausländer blickte der französische Missionar und Forscher Père
Armand David 1856 südlich von Beijing über die Mauer des kaiserlichen Jagdparks
Nan-Hai-Tze. Dort erspähte er eine Herde Milus, die der westlichen Wissenschaft
unbekannt waren. Später schmuggelte er zwei Häute und Geweihe aus China heraus,
und 1869 gelang es ihm, ein lebendes Hirschpaar nach Europa zu verschicken. 1898
begann der 11. Herzog von Bedford auf seinen Ländereien bei Woburn Abbey
Davidshirsche zu züchten – kurz danach wurde das letzte wildlebende Exemplar
erschossen. Die Woburn-Herde wuchs und gedieh, und in den 1980er Jahren wurden
40 Tiere nach China zurückgeschickt. Diese ließen sich so gut züchten, dass die Zahl
lebender Hirsche in drei chinesischen Naturschutzgebieten heute bei etwa 2500 liegt.

Sze-pu-shiang bedeutet »je eins von vier«, denn einer Redensart zufolge haben
Davidshirsche die Hufe von Ochsen, den Hals eines Kamels, das Geweih eines
Hirschs und den Schwanz eines Esels. Mit gutem Grund: »Spreizfüße« tragen besser
im Sumpf, mit dem langen Hals können sie Pflanzen im tiefen Wasser weiden und
mit dem nach hinten gerichteten Geweih bleiben sie nicht im dichten Schilf hängen.
Davidshirsche schwimmen häufig große Strecken im Wasser, und man hat sogar
beobachtet, wie sie an heißen Tagen mit der Schnauze unter Wasser dösten.

Mandschurenkraniche
verkünden durch Rufe
im Duett ihren Nist-
platz im Zhalong-
Reservat.

Wenn in den ersten beiden Juniwochen die Brunst beginnt, ziert die Geweihe der Böcke ein grasartiger Putz. Die jüngeren Böcke kämpfen spielerisch, echte Kämpfer lassen die Geweihe aufeinanderkrachen. Der Sieger erbt die Kühe und ihre Kälber, die sich zusammenscharen und sich so vor den aggressiven Böcken schützen.

Felsküsten und geschützte Buchten

Chinas Küste besteht vor allem aus Schlick, im Bo-Hai-Golf brechen sich die Sediment tragenden Wellen jedoch an den Granitküsten der Shandong-Halbinsel. Die Naturbuchten bieten Zuflucht für Tier und Mensch, zudem liegt hier Chinas ältester Marinehafen in Penglai. In der Nähe steht auf dem Berg Danya der Penglai-Pavillon, ein Tempel aus der Song-Dynastie (960–1127). Penglai steht mit dem mythischen, angeblich auf einer Insel im Bo Hai gelegenen Berg in Verbindung, auf dem die acht legendären Unsterblichen des Taoismus leben. Der Überlieferung zufolge betranken sich die Unsterblichen in Penglai und kehrten ohne Boote, teilweise auf dem Rücken von Kranichen, zu der Insel zurück. Die Sterblichen, die hier den Marinehafen bauten, hatten jedoch eher die Geografie als die Mythologie im Sinn: An diesem militärisch und kommerziell strategisch günstigen Punkt trifft der Bo-Hai-Golf mit dem Gelben Meer zusammen.

Nahe Penglai findet in dem Dorf Chuwang im ersten Monat des Mondkalenders ein Fischerfest statt. Mit traditionellen Riten wird die Meeresgöttin besänftigt, damit sie die Schiffe schützt und einen reichen Fang ermöglicht. Als Bootseigner muss Herr Zhao seine Crew und deren Familien zeremoniell unterhalten und bewirten. Nach einem riesigen Mahl werden ein enormer Fisch und ein Schweinskopf in rote Bänder gewickelt und in einer lautstarken Prozession hinunter zum Hafen gebracht. Unterwegs werden so viele Feuerwerkskörper gezündet, dass die Luft von weißem Rauch geschwängert ist und sich das Meer durch die Papierhüllen rot verfärbt. Die Opfer werden unter Gebeten in den Bug der Boote gelegt, dann bringen Feuerwerk, Drachentanz und Musik Feststimmung in den Hafen. In der ruhigen Zeit der Dämmerung schicken später traditionsbewusste Einwohner kleine, handgemachte Schiffe, auf denen eine rote Kerze brennt, hinaus aufs Meer.

Um eine immer anspruchsvollere Bevölkerung mit Meeresfrüchten zu versorgen, braucht es riesige Aquakulturen. Schon immer wurden Mollusken wie Austern, Miesmuscheln, Abalone und Kammmuscheln sowie Algen an den Felsküsten geerntet. In den 1950er Jahren begannen die Chinesen in ruhigeren Gewässern Mollusken und Algen an den Seilen von Flößen zu züchten. Die Kelpart (ein Seetang) Haidai wird in gigantischen Mengen angebaut. Sie kommt ursprünglich aus Korea und Japan und wird in China seit 1956 an Seilen gezüchtet. Kelpaquakulturen sind inzwischen auch für die Singschwäne lebensrettend, die seit Jahrtausenden nach Süden ziehen, um in vier Buchten im Yangtai-Gebiet zu überwintern. Die Schwäne leben hier schon so lange, dass sie zum Alltag der Menschen gehören.

Der 86 Jahre alte Herr Qu, seine Tochter und sein Schwiegersohn haben hier fast ihr ganzes Leben verbracht. Im Winter facht die Tochter im Haus schon früh ein wärmendes Feuer an. Danach bindet sie ein buntes Kopftuch um und macht sich mit einem Rechen und einem Eimer zum Ufer auf. Nach einem Schwatz mit ihren Freundinnen sammelt sie die Herz- und Scheidenmuscheln für den Tag ein. In der Ferne dösen die Singschwäne – sie sind an das Treiben, die bunten Kopftücher und das Geplauder gewöhnt. Wenn die Frauen zurück zum Frühstücken gehen, breiten die Schwäne ihre Flügel aus und fliegen zu ihrer Mahlzeit aufs Meer. Sie fliegen über

UNTEN
Mythische Figuren auf einem Dach in Penglai. Ihre Zahl lässt die Bedeutung der Stätte erkennen. Der Kaiser platzierte elf solcher Figuren auf Dächern in der Verbotenen Stadt.

Nach einem riesigen Mahl werden ein enormer Fisch-
und ein Schweinskopf in rote Bänder gewickelt und in einer lautstarken
Prozession hinunter zum Hafen gebracht.

Herrn Qu, der zu der Kelpfarm hinaustuckert, wo an Bojen Tausende Seile hängen. Während er die jungen Kelpblätter pflegt und die Bojen und Seile überprüft, fressen die Schwäne die von den Einheimischen »Seegras« genannten Algen, die wild zwischen den Bojen wachsen.

Diese Algen wuchsen früher an der Felsküste, doch dort gibt es nur noch geringe Mengen – am besten finden sie die Schwäne auf der Kelpfarm. Auch die Dorfbewohner vermissen die einst im Überfluss vorhandenen Seepflanzen. Die meisten leben in traditionellen einstöckigen Häusern, die seit Jahrhunderten mit den wilden Algen gedeckt werden. Ohne sie stirbt auch langsam die Kunst des Dachdeckens aus.

Wenn der Wind am Nachmittag auffrischt, kommen Menschen und Schwäne zurück ans Ufer. Die Schwäne trinken und baden im raren Süßwasser, wobei sie sich um die besten Plätze streiten. Nach einem harten Tag im Meereswind sammeln sich die Familien um ihren zentralen Herd, um Brot, Herzmuscheln, Fisch, Reis und Algen zuzubereiten. Die Hitze des Herdes wird raffiniert durch Rohre zurückgeleitet und wärmt die Betten für die Nacht. Die Brotreste werden nun von den jungen Dorfbewohnern an die Schwäne verfüttert, ehe man sich zur Nachtruhe zurückzieht.

Die nächsten Felsküsten Richtung Süden liegen hinter Shanghai zwischen der Hangzhou-Bucht und Guangdong sowie Guangxi. Fujian besteht zu 90 Prozent aus Hügeln und Bergen und weist von allen Küstenprovinzen die höchsten Erhebungen auf. Anders als im Norden fließen die Flüsse hier nur eine kurze Strecke von den

DER SILBERDRACHEN

Das spektakuläre Naturwunder lockt am 18. Tag des achten Mondmonats (September/Oktober) Tausende Touristen an.

Die gewaltige Qiantang-Gezeitenwelle in der Hangzhou-Bucht südlich von Shanghai wird durch die Anziehungskräfte des Mondes ausgelöst. Bei Ankunft der Tide schwillt eine riesige Welle an, die sich bis weit in den Qiantang-Fluss hinauf fortpflanzt. Das spektakuläre Naturwunder lockt am 18. Tag des achten Mondmonats (September/Oktober) jedes Jahr Tausende Touristen an.

Die Chinesen nennen die Bore, die bei einer Springflut bis zu neun Meter hoch und 27 Stundenkilometer schnell werden kann, »Siberdrache«. Im 12. und 13. Jahrhundert ritten Selbstmordsurfer mit kleinen Brettern auf der Gezeitenwelle, um den Zorn der Drachen zu besänftigen.

Bergen zum Meer. Es ist ein hartes Land, das oft von Taifunen heimgesucht wird, die Erdrutsche verursachen und die Flüsse zu reißenden Strömen anschwellen lassen.

Hier leben die Hakka. Hakka ist das kantonesisch ausgesprochene Mandarinwort »ko chia« (»Gastvolk«). Vermutlich stammten ihre Vorfahren aus Nordchina und waren Höflinge der Han, die in mehreren Migrationswellen die Region verlassen mussten und Fujian zwischen 317 und 907 n. Chr. erreichten. Ihre Sprache und Traditionen zählen zu den ältesten in ganz China. Zu ihren bedeutungsvollen (seit der Kulturrevolution jedoch weniger verbreiteten) Volksliedern zählen Berglieder, aus dem Stegreif gesungene Konversationen, mit denen sie ihre Welt beschreiben.

Bei der Teeernte im April arbeiten alle Frauen zusammen. Die Teeblätter werden an sonnigen Tagen, wenn ihr Geschmack besser ist, mit der Hand gepflückt oder mit Scheren geschnitten. Ziegenherden grasen die Unkräuter unter den Teesträuchern so ordentlich ab, dass nur die bitter schmeckenden Teeblätter verbleiben.

Die Hakka haben drei verschiedene Haustypen. Die Phönixhäuser werden im Stil des Kaiserhofs gebaut und zeigen, dass die Hakka in der Gunst des Kaisers standen. Als er ihnen jedoch das Wohlwollen entzog und die Einheimischen begannen, sie anzugreifen, wurden Rundhäuser bevorzugt, die richtiggehende befestigte Dörfer bildeten. Als wieder Frieden einkehrte, wurden Häuser mit Flachdächern gebaut.

OBEN
An den Bojen hängen Seile mit Millionen gezüchteter Kelpblätter. Die überwinternden Singschwäne fressen das wilde Seegras, das auch an den Seilen wächst.

TEE AUS FUJIAN

Tee wird in China seit 4000 Jahren getrunken. Der älteste schriftliche Bericht über den Tee-anbau in Fujian findet sich auf einem Stein-brett und datiert von 376 n. Chr. Auch heute spielt Tee in China eine wichtige soziale Rolle. Er wird Gästen als Zeichen des Respekts an-geboten, eine Tasse Tee darzureichen symbolisiert Zusammengehörigkeit.

Der feinste Tee wächst in der Regel in 900 bis 2100 Metern Höhe. Wenn sich während des Frühjahrsmonsuns das Land schneller als das Meer erwärmt, die Hitze deshalb zunimmt und die Feuchtigkeit vom Meer anzieht, herr-schen die für den Tee idealen feuchten Bedingungen. Die beste Tasse Tee wird mit dem gleichen Regenwasser gebraut, das auch die Pflanzen ernährt, oder mit Quellwasser.

In Chinas Teeschatzkammer Fujian gibt es 336 Teesorten. Hier werden alle fünf Teearten – schwarz, grün, weiß, Oolong und parfümiert – erzeugt, und alle außer dem grünen Tee wurden hier entwickelt. Der schwarze Lapsang Souchong und weißer Tee sind die hiesigen Spezialitäten. Der von den Hakka angebaute Oolong-Tee vereint die Würze und den Duft von grünem und schwarzem Tee. Der Name Oolong bedeutet »schwarzer Drache« und bezieht sich wohl auf die Blätter, die mit heißem Wasser übergossen wie kleine schwarze Drachen ausschauen. Der geerntete Tee wird getrocknet, ge-quetscht, sortiert und verdreht, bis er verkaufsfertig verpackt wird.

> Die beste Tasse Tee wird mit dem gleichen Regenwasser gebraut, das auch die Pflanzen ernährt, oder mit Quellwasser.

Die Hakka-Rundhäuser wurden nach Prinzipien des Feng Shui gebaut. Idealerweise ist die Südfassade eines Hauses zu einem Fluss oder See, die hintere Nordwand zu einem Berg gerichtet. Die Rundhäuser waren mit dicken Lehmziegelmauern be-festigt, nur unterbrochen von ein paar hoch gelegenen Fenstern. Sie konnten Belage-rungen überstehen und boten in der Regel über 100 Menschen Unterkunft. Meist weisen sie drei bis fünf Geschosse und 30 bis 60 Zimmer auf, ihr runder Innenhof lässt Licht ein und bietet Platz für einen Brunnen sowie für die Tiere. Im Erdgeschoss befinden sich Küchen und Esszimmer, im ersten Stock die Lagerräume und im zweiten Stock die Schlafräume. Dank der phantastischen Künste der Baumeister überstanden diese Rundhäuser 800 Jahre, Erdbeben, Belagerungen und Taifune.

Tropische Inseln

Die dritte Art der chinesischen Küstenhabitate besteht aus Mangroven und Korallen. Diese kommen südlich von Fujian, den Inseln von Hongkong und Hainan und an den Inseln im Südchinesischen Meer vor. Zur Provinz Hainan gehören offiziell etwa 200 Inseln, darunter auch die zu den Spratly-Inseln gehörige James Shoal. Für die Volksrepublik China ist dies ihre bei 40 Grad Süd gelegene Südgrenze – doch streiten sich mehrere Länder um den Besitz dieser Inseln.

Weit vor der Küste fließt im Süden der warme Kuroshio, nach dem Golfstrom die weltweit zweitgrößte Meeresströmung, nordöstlich vom Südchinesischen Meer Richtung Taiwan und Japan. Dadurch wachsen an der japanischen Küste Korallen

OBEN
Traditionelle Teeernte in einem abgeschiedenen Hakka-Dorf in Fujian. Der Tee wird meist von den Frauen geerntet und von den Männern sortiert und verarbeitet. Die Unkräuter zwischen den Teesträuchern werden von Ziegen abgegrast.

Meist weisen die Rundhäuser drei bis fünf Geschosse
und 30 bis 60 Zimmer auf. Ihr runder Innenhof lässt Licht ein
und bietet Platz für einen Brunnen sowie für die Tiere.

bis 32 Grad Nord. Im Kuroshio, der das chinesische Festland umfließt, bilden sich wenige oder gar keine Riffe. Saumriffe wachsen jedoch an der Südspitze der tropischen Insel Hainan und an anderen Inseln im Südchinesischen Meer, wo es auch Hunderte Korallenatolle gibt. Je näher die Inseln an den südostasiatischen Gewässern liegen, desto vielfältiger sind ihre Korallen.

Atolle sind Korallenringe mit Lagunen, die ursprünglich um Tiefseevulkane wuchsen. Wenn der Vulkan langsam absinkt, wachsen die Korallen nahe der Wasseroberfläche weiter, bis nur noch ein Korallenring rund um eine Lagune verbleibt, in der früher ein Vulkan aufragte. Die Atolle des Südchinesischen Meeres und die Saumriffe sind Lebensraum von wohl mindestens 2000 Fisch- und 130 Korallenarten.

Korallenpolypen können Sonnenenergie mithilfe von einzelligen Algen (Zooxanthellen) aufnehmen. Zudem leben sie von Plankton, das sie mit harpunenartigen Nematozysten fangen. Ihre Riffe sind hochkomplexe Ökosysteme – der tropische Regenwald der Meere –, wobei die Korallen durch ihre Fähigkeit zur Photosynthese anderen Lebewesen Nahrung und Schutz bieten. Taifune zerbrechen Korallen häufig, die Fragmente ihrer harten inneren Strukturen verteilen sich über das Riff. Wie umgestürzte Bäume im Regenwald bilden diese weißen Skelette Plattformen für neues Wachstum. Junge Polypen bauen darauf neue Korallengärten.

Die phantastischen Farben lebender Korallen werden durch Algen erzeugt und von farbenprächtigen Fischen verstärkt, die durch die Korallenzweige flitzen. Die Fische leben von mikroskopisch kleinem Phytoplankton, das im und um das Riff herum aus tieferen Gewässern nach oben treibt. Von ihm ernährt sich das Zooplankton, seien es Ruderfußkrebse, Rippenquallen oder planktonische Fischlarven. Da der Monsun Larven aus vielen verschiedenen Quellen antreibt, können Fische hier ursprünglich aus 1000 Kilometer Entfernung stammen. Die Kombination von Flachwasser-Korallenriffen und den tiefen, planktonreichen Zonen im Südchinesischen Meer garantierte bislang einen ständigen Fischnachschub für die kommerzielle Fischerei.

Wo die planktonreichen Strömungen über die Atolle fließen, gedeihen Filtrierer – Schwämme, Würmer, Haarsterne, Mollusken wie die Riesenmuschel, Stein- und Weichkorallen, Krebstiere – im Überfluss. Das größte Volumen filtrieren Mantarochen und Walhaie. Manche größeren Raubfische, besonders die Haie, sind heute selten geworden – eine Folge von Chinas steigendem Verbrauch an Haifisch-

RECHTS
Einer der vielen Sandstrände von Hainan. Neben der Landwirtschaft, der Fischerei, der Öl- und Gasförderung zählt der Tourismus heute zu den wichtigsten Einkommensquellen der Insel.

UNTEN
Im Südchinesischen Meer leben zwar noch Walhaie, doch wie die meisten Hai- und anderen großen Fischarten ist ihre Zahl durch ständige Überfischung gefährlich dezimiert.

flossensuppe. Die Nachfrage nach Meerestieren zerstörte auch die Küstenriffe, wo viele flache Riffe, etwa an der Xisha- (Paracel Islands) und Dongsha-Insel, gesprengt wurden und ausblichen: Dies geschah durch Dynamitfischen, bei dem die betäubten Fische an der Wasseroberfläche treiben, oder es wurde Zynanid zugesetzt, um Fische für den Aquariumhandel im Südchinesischen Meer einzusammeln. Die gefährdeten Saumriffe von Hainan verdeutlichen die Probleme. Hainan wurde ursprünglich von indigenen austronesischen Gruppen besiedelt, galt als abgeschieden und als perfekter Verbannungsort. Dank der isolierten Lage konnte es sein Naturerbe bis vor wenigen Jahren erhalten – was Hainan zum zweitbeliebtesten Touristenziel in China werden ließ. Hier lockt die Hauptattraktion Sanya, das »Hawaii des Ostens«, mit neuen Vier-Sterne-Hotels, Pools, Palmen und den 7,5 Kilometer langen weißen Sandstränden der Yalong-Bucht. Diese und Sehenswürdigkeiten wie das nahe Sanya-Korallenreservat locken jährlich 1,5 Millionen Besucher an.

Das 1990 ausgewiesene Sanya-Reservat ist eines von nur drei Korallenschutzgebieten in China. Im Gegensatz zu den umliegenden Gebieten wurden hier die Rifffische und Korallen nicht durch Versandung und Überfischung zerstört. Der Touris-

OBEN
Einer der wenigen verbliebenen Hainan- oder Östlichen Schwarzen Schopfgibbons im Wald des Bawangling-Naturreservats – im Bild ein Weibchen (die männlichen Tiere sind schwarz).
Diese Gibbons zählen zu den gefährdetsten Primatenarten der Welt.

mus ist hier Fluch und Segen zugleich. Einerseits kann das Naturschutzgebiet durch ihn bestehen, und er sorgte für ein gesteigertes Umweltbewusstsein bezüglich der Korallenriffe, andererseits besuchen unglaublich viele Menschen die Riffe und verlangen nach Meeresfrüchten und Muschelandenken.

Im grünen Hinterland von Hainan leben einige der seltensten Kreaturen der Welt, wie etwa der Hainan- oder Östliche Schwarze Schopfgibbon. Schutzprojekte beziehen auch die Einheimischen ein, um den verbliebenen Wald zu retten und die Tiere vor Wilderern zu beschützen. Im Rahmen eines ehrgeizigen Planes sollen Tausende Mangrovenbäume als natürliche Puffer für die Taifune und Tsunamis der Zukunft an Chinas Küsten von Hainan bis nach Fujian gepflanzt werden, die aber zugleich Kinderstuben für Fische und Ruheplätze für Zugvögel bieten.

Die Entwicklung an der Küste

Vierzig Flüsse entladen ihre Nährstoffe in den »Fisch-, Salz- und Öllager« genannten, im Durchschnitt nur 18 Meter tiefen Bo-Hai-Golf. Dort werden sie vom Wind an der Oberfläche aufgewirbelt und bilden eine reichhaltige Suppe für Fische und Filtrierer. Sowohl hier als auch im Gelben und Ostchinesischen Meer gedeiht durch den gigantischen Schlammnachschub das Phytoplankton, das die Basis der Nahrungskette bildet. Sein Wachstum hängt von spezifischen Bedingungen ab, weshalb es ein erster Indikator für Verschmutzungen oder Temperaturveränderungen ist. Wenn sich Phytoplankton durch einen hohen Anteil an Nährstoffen, der etwa durch Abwässer oder Düngemittelzufluss entsteht, stark vermehrt, kann diese »Wasserblüte« die Farbe des Meeres so verändern, dass sie vom All aus sichtbar ist.

Rote Tiden sind Wasserblüten, die das Wasser rot oder braun färben. Einige bestehen aus giftigen Algen, die Muscheln kontaminieren, Fische töten und Menschen vergiften können. Zwischen 1990 und 2004 gab es in China 83 toxische Rote Tiden – ein Zeichen für Besorgnis erregende Veränderungen in der Meeresökologie.

Aufgrund der Verschmutzung und Überfischung überleben nur wenige Fisch- oder Krebspopulationen im Bo-Hai-Golf. Doch gibt es auch eine »Erfolgsgeschichte«. Jeden Juli bereiten 700 000 Fischer ihre Boote auf einen besonderen Fang vor. Sie jagen Quallen, die als Jungtiere im Sediment überwintern und sich im Frühjahr in die Wassersäule bewegen. In einer Woche können die Fischer so viele Quallen fangen, dass sie und ihre Familien für viele Monate über genügend Geld verfügen.

Auf ein Signal der Regierung hin segeln die Boote hinaus, um die besten Plätze für ihre Netze zu finden und die treibenden Quallen einzuholen. Sie halten nach zwei bestimmten Arten Ausschau, die nicht brennen und als Appetithappen hoch geschätzt sind. Die Tentakel gelten als Delikatesse. Sie werden mit einer schnellen Bewegung des Handgelenks abgetrennt und dann in Salz eingelegt. Einige werden an den Sandstränden um den Hafen Yinkou abgeladen, wo Hunderte Maultiere mit der glitschigen Last beladen werden und sich dann unter Peitschenknallen das Ufer hinaufkämpfen. Die Quallen werden gespült und zerschnitten und in der Regel roh mit etwas Chili, Koriander und Essig verzehrt – ein Gericht mit dem wunderbaren Aroma der Auster und dem knackigen Biss von Eisbergsalat.

Die Quallen sind wahrscheinlich im Überfluss vorhanden, da ihre Nahrungskonkurrenten – Plankton fressende Fische wie der Hering – überfischt wurden, die Gewässer sich erwärmen und die Quallen auch in verschmutztem Wasser gedeihen.

PROBLEME IM JANGTSE

Der Einzugsbereich des Jangtse, des längsten Flusses Asiens, erstreckt sich über ein Fünftel der chinesischen Landmasse und umfasst 40 Prozent ihres Süßwassers. In seinem Delta liegt der fruchtbarste Boden Chinas. Am Fluss wird vor allem Reis angebaut, doch liefert er auch 70 Prozent des gefangenen Fisches. In ihm leben mindestens 350 Fischarten, von denen 112 Arten nur hier gedeihen.

Die in dieser Region ansässigen Fischzüchter fürchten vor allem, dass in ihre künstlich angelegten Lagunen toxisches Wasser einsickert. Dieses stammt von den Fabriken, Farmen und Städten, die ihre Abwässer in den Fluss einleiten und ihn so zum größten Verschmutzer des Pazifiks machen. Die toxischen Substanzen bedrohen die Fische und die Tiere, die sie mit der Nahrung aufnehmen. Hierzu zählen der gefährdete Chinesische Stör, der Glattschweinswal und der Chinesische Flussdelfin Baiji, der nach einer großangelegten Suchaktion im Jangtse im Dezember als ausgestorben erklärt wurde. Damit gesellt er sich zu Tierarten wie Dugong, Otter oder Leistenkrokodil, die heute offensichtlich an Chinas Küsten verschwunden sind.

Bei der Verbesserung der Wasserqualität des Jangtse wurden schon große Fortschritte erzielt – doch die Aufgabe ist gigantisch. Dem WWF zufolge schluckt er 42 Prozent von Chinas Abwässern und 45 Prozent der Industrieabflüsse und wird durch die Schifffahrt zusätzlich belastet. Zudem hat das Flussbecken mit dem Verlust der Talauen an die Landwirtschaft auch die Fähigkeit verloren, die Schadstoffe zu entgiften.

Die Regierung will nun einen Plan entwickeln, in dessen Rahmen die Talauen wieder hergestellt und nachhaltigere Agrarverfahren eingesetzt werden.

Das Gift stammt von den Fabriken, Farmen und Städten, die ihre Abwässer in den Fluss einleiten und ihn so zum größten Verschmutzer des Pazifiks machen.

Urbaner Wandel

Im Jahr 2010 werden erstmals mehr Menschen in Städten als auf dem Land leben. Diesen Trend führt China an, dessen Küstenprovinzen derzeit 700 Millionen (von 1,4 Milliarden) Einwohner zählen. In den nächsten 25 Jahren werden wohl weitere 345 Millionen Menschen aus den ländlichen Regionen im Inland in die blühenden Städte abwandern. Diese größte Migration der Menschheit verheißt nichts Gutes für die letzten Naturgebiete der Küste. Doch können, wie das Beispiel Hongkong zeigt, mit Unterstützung zumindest einige Wildtiere überleben.

Die Insel zählt zu den am dichtesten besiedelten Orten der Welt, 40 Prozent des Landes sind dennoch als Parks und Schutzgebiete ausgewiesen. Das Mai-Po-Sümpfe-Naturreservat ist ein Feuchtgebiet am Rand der Inner Deep Bay, das sich vor den Hochhäusern Shenzhens erstreckt. Mai Po wurde ursprünglich von »gei-wai«-Farmern (Shrimpsteich-Farmern) genutzt. Wenn die Shrimpssaison im Frühwinter endete, entwässerten sie ihre »gei wai«, um noch ein paar Fische zu fangen. Der freigelegte Schlamm war eine Festtafel für Hunderte Fische fressender Vögel, vor allem für Fisch- und andere Reiher sowie die gefährdeten Schwarzstirnlöffler. Das Schutzgebiet lockt heute 25 Prozent der Weltpopulation von Schwarzstirnlöfflern an. Sie standen kurz vor dem Aussterben, bis an der chinesischen Küste Schutzgebiete ausgewiesen wurden.

Planken auf schwimmenden Fässern führen über den Mangrovenschlick zu den Aussichtspunkten über das Ästuar. Im Winter und zu Beginn des Frühjahrs kann man hier ein Luftballett von bis zu 68 000 Vögeln bestaunen, die im Flug um die besten Futterpositionen rangeln. Die Vögel – von Stelzen- und Strandläufern über Schnepfen bis hin zu Knutten und Brachvögeln – sind die chinesische Küste hinabgeflogen und kommen teilweise sogar aus Sibirien.

OBEN
Tausende Watvögel folgen im Flug der Tide im Mai-Po-Sümpfe-Naturreservat. Im Hintergrund liegt an der Grenze zu Hongkong Shenzhen, eine der am schnellsten wachsenden Städte Chinas.

Das Perlflussdelta westlich von Hongkong ist ein Hauptstandort für elektronische Erzeugnisse. Es ist mit Abwässern und Industriemüll verschmutzt, und über einen Großteil des Gebiets hängt häufig brauner Smog. Diese Verschmutzung hat sich negativ auf die Vögel von Mai Po ausgewirkt, weil die Zahl der Krebse, Krabben und Fische in den Watten abnimmt, und auch auf eines der berühmtesten Tiere der Region: den Chinesischen Weißen Delfin, der bei der Insel Lantau westlich von Hongkong lebt. Nur noch etwa 200 Exemplare werden im ganzen Deltagebiet vermutet.

Die in der Regel zu dritt oder viert schwimmenden Delfine sind bei ihrer Geburt dunkelgrau, werden beim Heranwachsen gefleckt und sind ausgewachsen cremeweiß oder dunkelrosa. Das Rosa entsteht durch die Kapillaren, die wie bei einem errötenden Menschen durch die Haut scheinen, wenn die grauen Pigmente verschwinden. Zum Territorium der Perlflusspopulationen zählen belebte Wasserstraßen, auf denen rund 70 Boote pro Stunde fahren. Zudem müssen die Delfine den ohrenbetäubenden Lärm von Sprengungen, Baggern, Echoloten und Schiffen ertragen. Neue Forschungen haben ergeben, dass sie möglicherweise ihre Kommunikation an den Lärm angepasst haben und mehr Information in kürzere Rufe packen.

Die weitaus größte Küstenstadt und Zentrum von Chinas Wirtschaftsboom ist Shanghai. Dort wurden in nur zehn Jahren so viele Wolkenkratzer wie in ganz New York erbaut. Im vergangenen Jahr wurde die Hälfte des auf der Welt genutzten Betons in Chinas Städten und Straßen verbaut, und die Nachfrage nach neuen Wohnhäusern, Bürogebäuden und Wolkenkratzern ist so groß, dass die Bauarbeiten rund um die Uhr vonstatten gehen. Auf dem Huangpu, der durch Shanghai fließt, drängeln sich die Frachtkähne mit dem Zement für die Baustellen. Shanghai scheut sich nicht, seinen Erfolg nachts stolz zu illuminieren. Diese Beleuchtungen sind zwar

UNTEN
Ein Chinesischer Weißer Delfin mit Nachwuchs bei der Insel Lantau vor Hongkong. Die Population wird durch den Schiffsverkehr und die Verschmutzung eines der größten Häfen der Welt bedroht.

DER PFEIFENDE JÄGER

Chongming in der Mündung des Jangtse ist die größte Schwemmlandinsel, die in China in einer Flussmündung zu finden ist. Im Osten der Insel rasten in den Watten des Dongtan-Reservats im Frühjahr und Herbst zwei bis drei Millionen Zugvögel. Doch gerade die seltenen Arten werden von Shanghais Neureichen bei Banketten gerne serviert, sodass die Jagd nunmehr die größte Bedrohung für die Vögel darstellt.

Herr Jin ist ein erfahrener Jäger, der mit einer handgemachten Bambuspfeife, Lockvögeln und einem Netz Watvögel fängt. Dazu legt er das Netz auf dem Schlick aus, setzt sich auf einem Stuhl unter einem Sonnenschirm und wartet geduldig. Er sucht am Himmel nach Watvögeln und lockt sie, indem er ihre Rufe mit der Pfeife imitiert. Rufe von bis zu 30 Arten umfasst sein bemerkenswertes Repertoire. Wenn die Vögel zu den Lockvögeln fliegen, fängt er sie mit einem schnellen Ruck an der Leine im Netz ein.

Doch die Vögel wandern nicht in den Topf, sondern werden von regierungsnahen Naturschutzgruppen zur Beringung eingefangen. Die Tiere werden gewogen, gemessen und dann wieder in die Freiheit entlassen.

> Rufe von bis zu 30 Vogelarten umfasst das bemerkenswerte Repertoire des Vogelschützers Herrn Jin. Wenn die Vögel zu den Lockvögeln fliegen, fängt er sie mit einem schnellen Ruck an der Leine im Netz ein.

phantastisch, erinnern aber auch an die vielen Kohlekraftwerke, die jedes Jahr gebaut werden, um die Energie für solche Exzesse zu erzeugen.

Vor Kurzem hat China jedoch seine ersten Schritte auf einer langen Reise zu einer ökologisch verträglicheren Entwicklung getan. Auf der größten Schwemmlandinsel der Welt, Chongming, wird 25 Kilometer von Shanghai entfernt die weltweit erste Ökostadt erbaut. Dongtan ist als eine Reihe von Siedlungen geplant, die durch Fahrradwege und Korridore für öffentliche Verkehrsmittel verbunden sind. Die Stadt wird zu einem großen Teil mit erneuerbarer Energie versorgt – aus Sonne, Wind und Biomasse. Ein Grund für den Bau dieser innovativen Stadt ist das riesige Feuchtgebiet im Osten der Insel. In diesem Schutzgebiet für Zug- und Watvögel wurden über 250 Vogelarten beobachtet.

China befindet sich in einem tiefgreifenden Wandel, der in weniger als 50 Jahren stattfinden soll. Die Folgen sind Umweltverschmutzung und Verlust des Architekturerbes sowie des Naturreichtums. Doch mehr als jedes andere Land hat China die Menschen und die Macht, notwendige Veränderungen einzuleiten, um die Auswirkung auf die Umwelt zu reduzieren – wenn der Wille dazu vorhanden ist.

UNTEN
Nanjing Road, Shanghai – Chinas führende Einkaufs-
meile. Ihr strahlender Glanz erinnert an den steigenden Energiebedarf in einem der sich am schnellsten
entwickelnden Länder der Welt.

In den nächsten 25 Jahren werden wohl weitere
345 Millionen Menschen aus den ländlichen Regionen im Inland
in die boomenden Städte abwandern.

Orts-
verzeichnis

IM FOLGENDEN haben wir eine Auswahl von Plätzen zusammengestellt, die entweder kulturell oder wegen ihrer Naturschönheit interessant sind. Es sind dies die Plätze, an denen die BBC-Serie *Wildes China* gedreht wurde oder die auch sonst einen Besuch wert sind. Manche sind berühmt, manche weniger bekannt. Es können nur erste Hinweise sein, schließlich ist China so groß wie die USA. Es bietet 23 Welterbestätten, mehr als 1400 Naturreservate, mehr Höhlen als jedes andere Land, den höchsten Berg der Welt und das größte von Menschen geschaffene Bauwerk – die Liste ist endlos. Kurz, was immer Sie suchen, hier finden Sie es.

In China lebt ein Fünftel der Erdbevölkerung; einige der Städte gehören zu den schmutzigsten der Welt. Das Land ist unterteilt in 22 Provinzen und fünf autonome Regionen, in denen nicht die Han, sondern andere ethnische Gruppen überwiegen (offiziell gibt es 56 Volksgruppen). Es ist ratsam, sich bei einer Reise mit ein oder zwei Regionen zu begnügen. So können Sie in die über 5000 Jahre alte Kultur des Landes eintauchen. (Einige Regionen sind für Ausländer gesperrt.)

Größtes Hindernis ist die Sprache. Es ist nahezu unmöglich, die Feinheiten in kurzer Zeit zu beherrschen, deshalb ist es ratsam, wenn man sich die wichtigsten Informationen – wie die Namen der Hotels – und Redewendungen auf Chinesisch aufschreiben lässt. Nützlich ist ein Buch mit den

Die 1200 Jahre alten Mauern der kaiserlichen Stadt Pingyao – eine von Chinas vielen Welterbestätten.

häufigsten Phrasen, denn schon ein einfaches »Hallo« oder »Dankeschön« auf Chinesisch wird Ihnen Türen öffnen. Bei Ortsbezeichnungen müsssen Sie auf die Suffixe achten: »Shan« steht für Bergkette; »Jiang« für Fluss; »Hu« oder »Tso« für See und »La« für Passstraße.

Organisierte Exkursionen werden in den meisten Touristenzentren angeboten, doch es ist überraschend einfach, das Land unabhängig zu erkunden. Die Stra-

ßen sind im Allgemeinen in gutem Zustand – obgleich die Fahrkünste mancher Einheimischer zu wünschen übrig lassen. Das Bus- und Bahnnetz ist gut ausgebaut und preisgünstig, aber von unterschiedlicher Qualität. Die meisten größeren Städte verfügen über Flughäfen; Flugreisen sind unproblematisch, man vermeidet so lange und monotone Bus- oder Bahnfahrten.

Die Unterkünfte reichen von Fünf-Sterne-Hotels in Shanghai bis hin zu schmutzigen, flohverseuchten Absteigen für Fernfahrer. Alles mit drei Sternen und mehr ist in der Regel empfehlenswert, man muss sich allerdings auf einfache Standards besonders im Sanitärbereich gefasst machen. Auch beim Essen sollte man auf Hygiene achten. Ein unvergessliches Erlebnis kann es sein, wenn Sie bei Einheimischen übernachten. In abgelegeneren Regionen ist oft Camping die einzige Alternative, Sie sollten aber prüfen, ob das auch erlaubt ist. Die Chinesen nehmen das Essen sehr wichtig, die Küche ist eine der besten und vielseitigsten der Welt. Sie sollten unvoreingenommen sein, wenn Ihnen ungewöhnliche Speisen angeboten werden.

Viele der in diesem Buch genannten seltenen Tiere und Pflanzen findet man in den Naturreservaten oder weit ab von allen Wegen, sodass der Zugang nur eingeschränkt oder nur mit Erlaubnis möglich ist. Wildtiere selbst zu erleben ist immer schwierig, und das, was man als Reisender zu Gesicht bekommt, ist in vielen Fällen von der Tourismusindustrie inszeniert. Chinesische Touristen reisen in großen Gruppen, daran sollte man bei der Planung ebenfalls denken. Sie werden kaum Chancen haben, ruhige, abgeschiedene Plätze zu finden. Aber die Erfahrungen, die Sie machen werden, wenn Sie in die Kultur und Atmosphäre des Landes eingetaucht sind, werden Ihnen immer unvergesslich bleiben.

1 Das Kernland

Man kann sich das Kernland von China als ein Meer von Menschen vorstellen, in dem es immer wieder Inseln kultureller Highlights gibt. Die fruchtbare Erde machte vor 8000 Jahren den Ackerbau möglich und damit die menschliche Zivilisation; heute ernährt sie Hunderte von Millionen Menschen, die meisten gehören zu den Han, der größten Volksgruppe der Welt. Die schlimmste Umweltverschmutzung findet man hier, aber es gibt auch Bereiche mit unberührter Natur. Die Straßen sind in Ordnung und der Flugverkehr ist gut ausgebaut.

NATURWUNDER

Haubenibis

Dank der Anstrengungen der Chinesen gibt es inzwischen eine gesunde Population von mehreren Hundert dieser extrem seltenen Vögel. Man fliegt nach Hangzhong und fährt von dort in einer Stunde nach Yangxian. Das örtliche Zuchtzentrum liegt drei Kilometer nördlich von Yangxian, dort erfährt man, von wo aus man die Vögel am besten beobachten kann. Im April und Mai bauen sie ihre Nester, Mitte Mai ist die beste Zeit, wenn man bei der Fütterung der Jungvögel zuschauen möchte. Im Herbst sollte man nach dem Baum außerhalb des Dorfs Caoba Ausschau halten, auf dem sich etwa 60 Vögel ausruhen.

Großer Panda

Den Großen Panda kann man am besten im berühmten Wolong-Zucht- und Forschungszentrum (täglich geöffnet) im Südwesten der Provinz Sichuan erleben. Als diese Zeilen geschrieben wurden, kabbelten sich 18 Pandababys in einem Gehege. Die vierstündige Fahrt von Chengdu über die Balang Shan Berge kann wegen Straßenarbeiten und Erdrutschen abenteuerlich

Panda-Babys im Wolong-Zucht- und Forschungszentrum für den Großen Panda.

sein. Vor Ort und etwa sieben Kilometer entfernt gibt es Hotels. Im Wolong-Reservat sollten Sie am Min-Fluss spazierengehen – ein Refugium für zahllose Vögel.

Goldener Affe

Das Zhouzhi-Naturreservat befindet sich an den Nordhängen der Qinling-Berge. Hier kann man die weltweit einzige wildlebende Kolonie dieser Affen beobachten. Ihr struppiges goldenes Fell, ihre blauen, ausdrucksstarken Gesichter machen sie zu liebenswerten Geschöpfen. Sie leben in Familieneinheiten von etwa zehn Tieren. Mit etwas Glück kann man hier auch große Gruppen von mehr als 100 Tieren erleben. Die Fahrt nach

Zhouzhi dauert von Xi'an aus ca. 4 Stunden. Wenn die geteerte Straße aufhört, fährt man gut 1,5 Stunden mit dreirädrigen Motorrädern über sehr unwegsames Gelände. Man sollte nicht zu spät ankommen, da die wenigsten mit Licht fahren. Die Fahrt muss man im Voraus arrangieren; Übernachtung ist einfach, aber sauber. Die Touren zu den Beobachtungspunkten beginnen vor 10 Uhr morgens; etwa eine Stunde ist man zu Fuß auf endlosen Treppen unterwegs, bei Temperaturen bis zu 30 °C (die beste Zeit ist Juni). Trinkwasser sollte man mitnehmen. Die Affen werden von ansässigen Bauern zum Aussichtspunkt getrieben, doch sie besetzen bald die Bäume

MONGOLEI

G O B I

Hohhot

Jingshanling
Simatai
BEIJING
Tianjin
Bo Hai
Golf

Gelber Fluss (Huang He)

Ordos
Wüste

SHANXI

Shijiazhuang

Taiyuan

Gelber Fluss

SHANDONG

Qinghai
Hu

Pingyao

Jinan
Tai Shan
Tai'an

Lanzhou

GANSU

Hukou
Wasserfall
Jixian

SHAANXI

Shaolin
Tempel
Zhengzhou
Dengfeng

Wei
Xi'an

Zhouzhi NR
Qinling
Gebirge
Mt Taibai

HENAN

Juizhaigou NR

Hanzhong
Yangxian

Jiu Huang
Flughafen

Balang Shan

SICHUAN

HUBEI

Drei-Schluchten-
Staudamm
Wuhan

ANHUI

Yangtse (Chang Jiang)

Wolong NR

Chengdu

CHONGQING

Leshan
Emei Shan
Chongqing

Poyang
Hu

0   100   200 Kilometer

HUNAN

0   100   200 Meilen

über den Touristen und kommen auch ganz nahe. Jüngere Tiere spielen ausgiebig miteinander in den Baumwipfeln. Für die Beobachtung bleiben Ihnen mehrere Stunden, ehe die Affen sich in den Wald zurückziehen. Bemerkenswert sind die typischen Schreie, die sie ausstoßen, ohne den Mund zu öffnen.

Goldener Takin

Während die Pandabären die mittleren Bereiche der Qinling-Hänge bevölkern, leben die weniger

Eine der Attraktionen der Qinling-Berge – der Goldene Takin, den es nur in China gibt.

bekannten Takine in den Gipfelregionen. Diese riesigen Tiere kann man am besten Mitte Juni beobachten. Sie versammeln sich zu Hunderten auf freien Weideflächen während dieser Brunstzeit. Am frühen Morgen und späten Abend kommen sie aus dem dichten Bambuswald heraus, um zu grasen. Die männlichen Tiere sind besonders eindrucksvoll, aber sie könnten auch angreifen, falls man sie erschreckt. Ein qualifizierter Führer ist also erforderlich. Die Wanderung zu den Höhen der Qinling-Berge dauert fünf bis sechs Stunden. Gutes Schuhwerk ist zwingend.

Auch wenn örtliche Bauern als Träger eingesetzt werden, ist es mit einem Tag nicht getan. Sie sollten mindestens drei Tage dafür veranschlagen, und es lohnt sich auch. Sie werden in Höhen über 3000 Meter im Freien campen und wandern vor der Kulisse imposanter Bergketten. Meiden Sie den Juli, den Beginn der Regenzeit.

LANDSCHAFTSWUNDER

Große Mauer
Die Große Mauer ist als eines der größten Wunder der Welt und UNESCO-Welterbestätte von Touristen belagert. Es handelt sich eigentlich um eine Gruppe von Mauern und der ruhigste und »natürlichste« Abschnitt – zugleich der steilste – befindet sich gerade mal 2 Stunden von Beijing entfernt. Simatai sollte man im Winter besuchen, dann ist es am ruhigsten. Essen und übernachten kann man im Zentrum – 15 Minuten zu Fuß von der Basis der Mauer entfernt. Verlassen Sie Simatai im Morgengrauen, um den Sonnenaufgang über der Mauer zu erleben; sorgen Sie dafür, dass man Sie am Nachmittag bei Jingshanling abholt. Diese Wanderung von 10 Kilometern dauert 5 Stunden, Sie sollten Verpflegung dabei haben. Trittsicherheit und Fitness sind erforderlich.

Wer auf der Mauer schlafen möchte, braucht eine Genehmigung; man sollte daher seine Tour über einen Reiseveranstalter buchen. Im Winter ist es zwar am ruhigsten, doch im Sommer ist es am schönsten, besonders am Morgen, wenn sich der Dunst um die Mauer langsam lichtet.

Hukou-Wasserfall
Der beste Ort, um den Gelben Fluss zu sehen, ist am Hukou-Wasserfall an der Grenze der Provinzen Shaanxi und Shanxi. Dort verengt sich der langsam fließende Fluss. Der Wasserfall ist nicht besonders hoch, doch im Sommer (Juli bis September), bei hohem Wasserstand, sehr eindrucksvoll. Von Xi'an aus sind es 6 Stunden Fahrt, man kann auch fliegen. Unterkünfte vor Ort sind knapp, aber man kann im 25 Kilometer östlich gelegenen Jixian übernachten.

Qinling-Berge
Die Berge sind bedeckt von einigen der biologisch vielfältigsten Wälder der gemäßigten Zone. Mit etwas Glück kann man hier wild lebende Große Pandas sehen und eine Vielzahl anderer Tiere und Pflanzen, darunter allein 200 verschiedene Vogelarten. Die höchste Erhebung, Mt. Taibai, ist 3767 Meter über NN. Manche dieser Berge sind sehr steil, wer hier wandern möchte, muss gute Kondition mitbringen, wasserfeste Kleidung und festes Schuhwerk – und nicht zu vergessen ein Erste-Hilfe-Set. Im Juli oder August regnet es meist, dann sollte man die Berge meiden, zumal sich die Pandas in ihr Sommerhabitat in über 2000 Metern Höhe zurückgezogen haben. Man erreicht die Berge in 4 Stunden Fahrt von Xi'an aus, fliegen ist auch möglich. Es gibt einige Reservate, und Tourenveranstalter bieten Touren und Unterkunft an.

Jiuzhaigou-Naturreservat
Bestehend aus drei bilderbuchartigen Bergtälern etwa 400 Kilometer nördlich von Chengdu in der Provinz Sichuan, ist Jiuzhaigou berühmt für seine kristallklaren, grünen bis türkisfarbenen Seen mit fossilen Unterwasserbaumstümpfen. Die Gegend bedeckt ein großblättriger Wald, die Berggipfel sind schneebedeckt. Beste Besuchszeit ist hier der Herbst, die zweite oder dritte Oktoberwoche –, wenn die Herbstfarben sich in den Seen spiegeln. Es gibt viele Hotels in Jiuzhaigou, man sollte aber vorbuchen, da die Gegend auch bei

Jiuzhaigou im Frühherbst, der besten Besuchszeit. Es gibt hier schöne Spazierwege und Seen.

chinesischen Touristen sehr beliebt ist. Man fliegt nach Chengdu und begibt sich von dort aus auf eine 12-Stunden-Busfahrt über die kurvige Straße, die am Fluss Min entlang verläuft. Man kann auch in 40 Minuten von Chengdu nach Jiu Huang fliegen und die restlichen 85 Kilometer in 1 ½ Stunden bis zum Eingang des Jiuzhaigou-Reservat im Auto zurücklegen.

Emei Shan

Dies ist einer der vier im Buddhismus heiligen Berge. Es gibt dort zahlreiche Tempel, viele Pilger und die berühmten Emei-Shan-Makaken. Wenn man auf dem Weg zum Gipfel durch den Abschnitt der »scherzhaften Affen« kommt, sollte man sich vor zutraulichen Affen hüten und auf sein Lunchpaket gut Acht geben. Wie bei jedem Berg, so kann auch hier das

Wetter mit einem Mal umschlagen. Allwetterkleidung und festes Schuhwerk sind ratsam. Die beste Zeit ist Frühjahr oder Herbst, aber man kann sich auch Winterausrüstung leihen, falls man einen Aufstieg in der kalten Jahreszeit plant.

Man fliegt nach Chengdu und fährt dann etwa 130 Kilometer südlich nach Emei. Von dort sind es nochmals 6 Kilometer bis an den Fuß des Bergs. Sie müssen mindestens einen Tag für die Besteigung der 3100 Meter hohen, schwindelerregenden goldenen Gipfel und einen Tag für den Abstieg einplanen. Wem das zu anstrengend ist, der kann mit einem Minibus von Baoguo aus fahren und sich dann mit einer Standseilbahn auf den Gipfel befördern lassen, um dort die herrliche Sicht zu genießen. Auf der Strecke gibt es viele Tempel,

an denen Essen und Übernachtung angeboten werden. Heizung und ähnlichen Luxus darf man hier allerdings nicht erwarten. Knapp unterhalb des Gipfels können Sie, wenn Sie Glück haben, »Buddhas Glorienschein« sehen: Wenn die Sonnenstrahlen die Wolken um Sie herum durchdringen, bekommt Ihr Schatten einen Regenbogenrand.

KULTURWUNDER

Die Parks von Beijing

Wenn Sie früh am Morgen die Sehenswürdigkeiten Beijings besuchen, vermeiden Sie den Massenandrang der Touristen und Sie haben die Chance, Einblicke in das traditionelle Leben Chinas zu bekommen. Die Parks bilden für die Einwohner Beijings Brennpunkte, sie sind deshalb einen Besuch wert, besonders an den Wochenenden in

Der Eingang zu einem der Parks in Beijing.

der Morgen- oder Abenddämmerung. Nehmen Sie sich ein Taxi – das ist günstig, der Fahrer wird aber kein Wort Englisch verstehen, Sie sollten deshalb einen Zettel mit dem Fahrtziel und der Adresse Ihrer Unterkunft mit sich führen. Hier einige Empfehlungn von Parks:

Seltsame Geräusche sind bei Sonnenaufgang um den **Tempel des Himmelsparks** zu hören, wenn Menschen dort ihre privaten Tai-Chi-Übungen praktizieren, um die Harmonie für den Tag zu erhalten. Zwischen November und März kann man in den alten Zypressen östlich des Himmelsaltars Langohreulen entdecken.

Der Herbst ist auch ideal für einen ruhigen Spaziergang unter Ginkgo-Bäumen im **Ditan-Park**. Beobachten Sie die Männer, wie sie auf die Kacheln Gedichte schreiben. Besuchen Sie die lebhafte und laute Messe, mit der im Januar/Februar das chinesische Neujahrsfest begangen wird.

Mitten im **Jingshan-Park** befindet sich ein 48 Meter hoher künstlicher Hügel. Von hier aus hat man einen phantastischen Blick über Beijing und die Verbotene Stadt. Man kann den Sonnenuntergang genießen und den Chinesen lauschen, die an Sonntagen im Park traditionelle chinesische Volkslieder singen. Am Abend kann man Fledermäuse beobachten, wie sie lautlos aus dem Dach des Osttors über Beijing ausschwärmen.

Die Hutongs von Beijing
Hutongs sind traditionelle Gemeinschaftswohneinheiten – niedrige Backsteinbauten um einen zentralen Innenhof – die in Beijing immer mehr zugunsten Hochhausappartements verschwinden. Die meisten Hotels bieten Touren an, aber es kann lohnender sein, sich auf eigene Faust auf den Weg zu machen. Wählen Sie dafür einen Sommerabend, wenn die Bewohner draußen beim Kartenspiel oder »xiang qi«, dem chinesischen Schachspiel, sitzen. Käfige aus Bast mit Zikaden hängen über ihren Köpfen, die Insekten heben offenbar das Ambiente durch ihren Gesang. Ihnen wird wahrscheinlich ein Stuhl angeboten und ein Bier – und das von unbekannten, armen Menschen. Nehmen Sie sich einen Dolmetscher mit. Nach 22 Uhr könnte ein anderer Besucher auftauchen – das Sibirische Wiesel, das manche als Geist verehren.

Der Neujahrsdrachentanz in Pingyao, den man gut von der Stadtmauer aus beobachten kann.

Die Terracotta-Armee des ersten Kaisers von Qin. Die Figuren sind lebensgroß.

Pingyao

Diese kaiserliche Stadt in der Provinz Shanxi zählt zum UNESCO-Welterbe. Besuchen Sie eines der vielen Museen, um einen Überblick über die Geschichte zu erlangen. Oder spazieren Sie auf der 1200 Jahre alten Stadtmauer. Mit der Bahn dauert es 10 Stunden von Beijing. Sie können auch nach Taiyuan, der Provinzhauptstadt, fliegen und von dort aus mit dem Auto fahren. Unterkunft ist reichlich vorhanden.

Terrakottakrieger

Diese 1974 zufällig von Bauern entdeckte, 2000 Jahre alte Terrakottaarmee – eine der weltweit bekanntesten archäologischen Funde – besteht aus 8099 lebensgroßen, schwer bewaffneten Kriegern mitsamt ihren Pferden,

von denen jeder individuell gestaltet und gekleidet ist. Sie bewachen die Grabpyramide des ersten Kaisers von Qin (Qin Shi Huangdi), der dort zwischen 210 und 209 v. Chr. begraben wurde. Mit dem Bus von Xi'an, 35 Kilometer. Xi'an bietet reichlich Unterkunft. Wegen der Besucherscharen ist der Winter empfehlenswert.

Shaolin-Tempel in Song Shan

Auf dem Weg zu diesem heiligen Berg kommt man an alten buddhistischen Tempeln vorbei und den Pagodenwald-Gräbern von 240 herausragenden Mönchen und Äbten. Die Gegend ist bekannt als die Geburtsstätte des Kung-Fu, einer von Shaolin-Mönchen vor 1400 Jahren entwickelten Kampfkunst. Es gibt täglich Kung-Fu-

Vorführungen und sogar Unterrichtsstunden im nahegelegenen Dengfeng. Der Aufstieg ist mühsam, aber man kann auch eine Standseilbahn in der Nähe des Pagodenfriedhofs nutzen. Nach Song Shan dauert es von Beijing aus mit dem Bus 10 Stunden. Das Flugzeug landet in Zhengzhou, von dort aus ist man in einer Stunde Fahrtzeit in Dengfeng – eine eher unansehnliche Stadt, die als Basis für diese Unternehmung dient. Um 6 Uhr morgens wird man durch in den Straßen übende Kung-Fu-Kämpfer geweckt, die durchaus Respekt einflößen. Der Ort wird von Chinesen gerne besucht; man muss sich auf große, laute Gruppen einstellen. Die beste Zeiten sind Frühjahr und Herbst. Wochenenden und Feiertage sollte man meiden.

2 Nördlich der Mauer

Nordchina ist so vielfältig wie nur irgend denkbar – von den frostigen Wäldern Heilongjiangs zum umtriebigen Kashgar und der Weite der Wüste Gobi. Viele Wildtiere sind hier nicht zu erwarten, aber die Menschen und Landschaften machen dies mehr als wett. Die autonome Region Xinjiang Uyghur hat die meisten Attraktionen zu bieten. Die Seidenstraße und die acht internationalen Grenzen machen dieses Gebiet zu einem kulturellen Schmelztiegel. Extreme Temperaturen und große Entfernungen machen die Reise zu einem echten Abenteuer.

NATURWUNDER

Große Wüstenspringmaus

Sie sind recht verbreitet im Nordwesten von Xinjiang. Am besten kann man sie in den Außenbezirken von Turpan beobachten, neben dem Parkplatz des Botanischen Gartens, in dem etwa 400 Wüstenpflanzen zu besichtigen sind. Der Boden ist von Löchern übersät, und es sollte leicht sein, sie bei der Nahrungssuche zu beobachten. Bei Nacht kann man im

Ein Przewalski-Hengst auf der Suche nach einer Stute im Kalamaili-Naturreservat.

Eine der »Parkplatz«-Wüstenspringmäuse .

Licht der Autoscheinwerfer Jerboas – Springbeutelmäuse – sehen, die auf ihren langen Hinterbeinen herumspringen.

Przewalski-Wildpferde

Alle heute lebenden Przewalski-Wildpferde sind direkt verwandt

Ein Kiang oder Wildesel – eines der Säugetiere, die man im Kalamaili-Reservat sehen kann.

mit einer Handvoll von Tieren, die zu Beginn des 20. Jahrhunderts gefangen und in europäischen Zoos gezüchtet wurden. Wenn Sie die Pferde in freier Wildbahn sehen möchten, müssen Sie in das Kalamaili-Naturreservat fahren – 400 Kilometer auf der Autobahn, die von Urumqi östlich um das Junggar-Becken führt. Etwa 30 Kilometer vor Jiakuerte kann man die Tiere sehen. Im Reservat gibt es inzwischen mehr als 400 Pferde, und jährlich im Sommer kommen weitere Fohlen hinzu. (Im Winter lohnt sich der Besuch nicht, die Temperaturen fallen oft bis unter – 40 °C, die Pferde sind dann in einer großen Koppel.)

Im Kalamaili-Reservat kann man Kropfgazellen, wilde Esel und Raubvögel wie Sakerfalken und den Steinadler beobachten.

Singschwäne in Bayanbulak

Tausende von Singschwänen kommen jedes Jahr im April zum Schwanensee, einem großen Feuchtgebiet im Bayanbulak- (Schwanensee-) Naturreservat. Sie brüten dort, mausern sich im Juli und August und bilden große Kolonien im September, bis die Jungvögel stark genug sind für die Migration. Das Reservat ist 40 Minuten vom nächsten, einfachen Hotel entfernt. Man kann auch in einem mongolischen Zelt (»Gher«) übernachten und mit dem Pferd

Ein Singschwan an einem der Seen von Bayanbulak.

Sonnenuntergang über dem Fluss Kaidu in der Weite von Bayanbulak, einer Prärie mit Seen, Flüssen und dem Schwanensee-Naturreservat.

zum Kaidu-Fluss reiten. Es ist eine Postkartenlandschaft, in der man bis zu 120 verschiedene Vogelarten beobachten kann. Warme Kleidung ist erforderlich, auch im Sommer können die Temperaturen unter 0 °C fallen. Das Reservat liegt 270 Kilometer nordwestlich von Korla; man kann von dort aus eine Fahrt organisieren, die allerdings rund 10 Stunden dauert.

Tianshan-Wildtierpark

Wer auf der Suche nach wilden Tieren weite Strecken vermeiden will, der kann den neuen Tianshan-Wildtierpark in Xinjiang besuchen – den größten zoologischen Garten in China, 25 Kilometer von Urumqi auf dem Südhang der Bogda-Berge. Er ist aufgeteilt in ein Wüsten-, Berg- und Graslandbiom, in dem zahlreiche heimische Tierarten – darunter Wildpferde und -esel, Kropfgazellen, wilde Kamele, Steinböcke, Blauschafe und Riesenwildschafe (Argali) – in nachgebildeten natürlichen Lebensräumen zu sehen sind.

Blauschafe – Beute von Schneeleoparden.

Amur- oder Sibirischer Tiger

Diese bedrohte Katze ist die größte Wildkatze der Welt. Es ist nahezu unmöglich, sie in freier Wildbahn zu entdecken. Zahlreiche in Gefangenschaft gezüchtete Tiere kann man im Hengdaohezi-Zentrum in der Songbei-Entwicklungszone, 15 Kilometer von Harbin (Provinz Heilongjiang) entfernt, sehen. Wundern Sie sich nicht, wenn Sie auf der Fahrt durch den Park viele übergewichtige Tiger zu Gesicht bekommen. Chinesische Besucher bezahlen manchmal dafür, dass lebende Tiere – darunter auch Kühe – den Tigern zum Fraß vorgeworfen werden; viele Tigerfarmen wollen auch in den lukrativen Handel mit Tigerknochen einsteigen. Außerdem sind in Gefangenschaft lebende Tiger für ein Leben in der Wildnis nicht mehr geeignet.

Heilongjiang (Amur)

RUSSLAND

DAXINGANGLING

Songhua

Hulun
Nur

HEILONGJIANG

ULAN-BATOR

Hustai
Nationalpark

Harbin

Hengdaohezi

Chagan Lake

Songyuan

Changchun

JILIN

MONGOLEI

Baiyan

Yanji

Changbai Shan

Changbai Shan NR

Tian Chi
(Himmelsee)

INNERE MONGOLEI (NEI MONGOL)

LIAONING

G O B I

Goldene
Lotus
Ebene

Shangdu
(Xanadu)

NORD-
KOREA

Japanisches
Meer

rvat

GANSU

Badain
Jaran

Hohhot

BEIJING

Yumen

Zhoukoudian

Bo Hai
Golf

SÜD-
KOREA

Jiayuguan

Yellow River (Huang He)

Qilian Shan

Taiyuan

Gelbes
Meer

HAI

Qinghai
Hu

SHANXI

Gelber Fluss

Qinghai

Xining

Lanzhou

LANDSCHAFTSWUNDER

Changbai-Shan-Naturreservat

Diese märchenhafte Bergkette befindet sich im größten Nationalpark in der Provinz Jilin. Seine Hauptattraktion ist der an der chinesisch-nordkoreanischen Grenze gelegene Tian Chi (Himmelsee), ein kristallklarer Kratersee (nicht zu verwechseln mit dem Tian Chi in der Provinz Xinjiang – vgl. S. 220). Auf dem Weg zum See fahren Sie an heißen Quellen und atemberaubenden Wasserfällen vorbei.

Zahlreiche chinesische und koreanische Touristen bevölkern gelegentlich die zentralen Treffpunkte am See und am Wasserfall. Am besten gehen Sie etwas abseits der Wege, doch müssen Sie die Grenze beachten und wissen, wo Sie nicht hingehen

Tian Chi im Krater des Mt Baitou-Vulkans.

dürfen. Günstige Zeiten sind Juni bis September. Von Juni bis Anfang Juli stehen die Wiesen der Westhänge (75 Kilometer vom See entfernt) in voller Blüte. Das Wetter kann hier – wie häufig im Gebirge – blitzschnell umschlagen. Man sollte also Vorräte, Wasser, Sonnencreme und ein Erste-Hilfe-Set mitnehmen; wandern Sie nicht allein. Nach Changbai kommen Sie, indem Sie nach Yanji fliegen, mit dem Auto oder Zug geht es weiter nach Baihe. Sie können ein Auto mit Fahrer mieten oder den Bus nehmen. Übernachten Sie in Baihe oder buchen Sie die teurere Unterkunft im Reservat.

Jiayuguan

Während der Ming-Dynastie markierte Jiayuguan – bekannt als »der Mund von China« – die westliche Grenze des Han-Reichs. Viele glaubten, dass dort die Große Mauer zu Ende wäre (die Mauer erstreckte sich weiter nach Westen, aber der größte Teil ist unter dem Sand der Gobi begraben). Die Stadt war die letzte größere Oase für Händler und Reisende auf dem Weg nach Xinjiang und darüber hinaus. Man kann die 6,5 Kilometer mit dem Fahrrad zum westlich gelegenen Fort fahren. Besteigen Sie das Fort, spazieren Sie auf der Mauer und bewundern Sie die eindrucksvolle Szenerie der 129 Kilometer entfernten Qilian-Berge. Es gibt Direktflüge nach Jiayuguan, der Flughafen liegt 13 Kilometer nördlich der Stadt. Sonst ist es eine 6-stündige

Fahrt von Dunhuang oder ein Nachtzug von Lanzhou. Unterkunft gibt es in Jiayuguan; von dort werden Ausflüge zum Fort oder zum Gletscher in den Qilian-Bergen organisiert. Bei der Gletschertour müssen Sie sich auf große Höhe und Kälte einstellen: In 4300 Metern Höhe wird die Luft sehr dünn.

Yardangs

Die heulenden Winde und der Regen haben über viele Jahrhunderte in der Taklamakan-Wüste und in Lop Nur zu starken Erosionen geführt und vieles davon nach Osten in Richtung Beijing und darüber hinaus geblasen. Übrig

blieben Yardangs – rippenartige Gebilde, die durch den Schmirgeleffekt des Sands entstanden sind. Wenn der Wind durch die Yardangs bläst, erzeugt dies oft ein seltsames Heulen – daher der Name »Stadt des Teufels«. Besichtigung im von Dunhuang 180 Kilometer entfernten Dunhuang Yardang National Geological Park. Unterkunft gibt es in Dunhuang; von dort ist es eine Tagestour in die Wüste. Der Wind ist im März am stärksten; Touren können dann ausfallen. Beste Zeit: Mai bis September.

Tian Chi (Himmelssee)

Versuchen Sie mit den Kasachischen Nomaden und ihren Kamelen an den

Der Himmelssee umgeben von den Gipfeln der Tian Shan Berge.

Eine Kasachenfamilie beim Frühstück kurz vor dem Aufbruch in die Winterquartiere.

Ufern des Tian Chi in der Provinz zu campen. Sie können in Jurten umgeben von Koniferenwäldern und den hoch aufragenden Gipfeln der Tian-Shan-Bergkette übernachten. Die Gegend ist ideal für Trekking und Camping – warme Kleidung, Verpflegung und Wasser vorausgesetzt.

Beste Zeit: Anfang September, dann begeben sich die Nomaden von den Sommerweiden in die niedriger gelegenen Winterquartiere. Wenn Sie es geschickt planen, können Sie die Nomaden auf einem Teil des Wegs begleiten. Sie sind dann privilegierter Teilnehmer an einer mit der Habe der Nomaden beladenen Kamelkarawane, wie sie seit Jahrhunderten üblich ist. Tian Chi ist 120 Kilometer von Ürümqi entfernt, eine Fahrt von 3 Stunden; der Aufstieg dauert 1 Stunde – für weniger Aktive: auch mit Kabelseilbahn.

KULTURWUNDER

Harbin-Eisfestival

Wenn Sie den chinesischen Winter und dazu ein einzigartiges Spektakel erleben wollen, dann fahren Sie nach Harbin – der Hauptstadt der Provinz Heilongjiang. Die Architektur erinnert noch an die Zeit der Russen, aber im Januar oder Februar – abhängig vom chinesischen Neujahr – verändert sich die Stadt.

Der gesamte Zhaolin-Park ist voller seltsamer Tierwesen und Gebäude, allesamt aus Eis geformt und in vielen Farben erleuchtet. Sie werden staunen, aber auch frieren – Temperaturen von – 30 °C und darunter sind möglich, arktische Kleidung ist zwingend. Einigen Einheimischen macht es Spaß, Löcher in den vereisten Fluss zu schlagen und im Eiswasser zu schwimmen.

Eisfischenfest in Chagan

Mitte Dezember beginnt am gefrorenen Chagan-See in der Provinz Jilin die Saison des Eisfischens. Zuerst wird der See »aufgeweckt«, eine Zeremonie, bei der die Mongolen tanzen und singen und Hunderte auf den See laufen, um ihre Fangbereiche festzulegen. In das dicke Eis werden Löcher geschlagen und 50-Meter-Netze eingeführt. Am nächsten Tag kommt die Menge wieder zusammen, wenn die Netze mithilfe von Traktoren und Pferden eingebracht werden – jedes Netz kann bis zu fünf Tonnen Fisch enthalten. Die Saison dauert ungefähr einen Monat. Man sollte den Beginn der Zeremonie am ersten Tag erleben. Mit dem Flugzeug nach Changchun, der Hauptstadt von Jilin, von dort etwa 150 Kilometer Fahrt zum See. Über Reiseveranstalter in Songyuan erfährt man den Beginn der Saison.

Das Nadam-Pferdefestival

Mongolische Krieger waren immer schon hervorragende Reiter. Mit seiner Kavallerie konnte Dschingis Khan eines der größten Reiche der Geschichte begründen. Das Nadam-Festival der Mongolen findet in den Steppen der Provinz im Juli oder August statt. Verbringen Sie ein, zwei Tage in den »ghers« (das mongolische Wort für »Jurte«) und beobachten Sie die Wettkämpfe im Bogenschießen und die Pferderennen – einige der Reiter sind gerade mal fünf Jahre alt. Sie können auch selbst über die

Der Vater bespricht mit seinem Sohn die richtige Taktik vor dem Nadam-Pferderennen.

mongolische Steppe reiten, die Touren werden von Hohhot aus, der Hauptstadt der Inneren Mongolei, organisiert. Nadam hat keinen festen Standort, aber Reiseveranstalter und Hotels kennen Zeitpunkt und Ort.

Buddhistische Höhlen, Mogao
Diese aus den Felsen geschlagenen Wüstenhöhlen befinden sich 24 Kilometer südöstlich von Dunhuang – einer Oasenstadt in der westlichen Provinz Gansu. Zwischen 500 und 1000 n. Chr. wurden dort unzählige buddhistisch inspirierte Kunstwerke geschaffen, bis die Höhlen im 11. Jahrhundert aus mysteriösen Gründen versiegelt wurden. Erst um 1900 wurden sie wiederentdeckt – 50 000 Pergamente und Wandmalereien. Das Besondere an den Malereien ist, dass sie die Entwicklung der chinesischen Kunst widerspiegeln.

Von den etwa 1000 Höhlen sind 600 interessant. Öffentlich zugänglich sind 30 Höhlen (einige seien zu drastisch für die Öffentlichkeit). Mehr als 15 schafft man an einem Tag allerdings nicht.

Tourarrangements bieten die Hotels in Dunhuang; man kann auch ein Fahrrad mieten und zu den Höhlen radeln.

Weintrauben in Turpan
Turpan – auch der »Ofen« genannt – liegt an der nördlichen Seidenstraße in einer Senke 154 Meter unter NN. Die Temperaturen können im Sommer 50 °C erreichen, und doch ist die Gegend bekannt für ihre Weintrauben. Das Geheimnis ist das 2000 Jahre alte, unterirdische Bewässerungssystem, das Wasser aus den Gletschern der Bodga-Berge in die Stadt befördert. Die »karez«-Systeme (uyghurisch für »unterirdisch«) sind heute nur noch ein Abglanz dessen, was sie einst waren, doch es ist noch immer ein Netz von Hunderten von Kilometern. Die Einheimischen nutzen es heute auch, um sich tagsüber an einen kühlen Platz zurückzuziehen. Um mehr als 100 verschiedene Traubenvarianten zu kosten, muss

man sich in das 15 Kilometer von der Stadt entfernt gelegene Traubental begeben. Oder man genießt uyghurisches Essen und Wein und spaziert oder radelt durch die von Weinreben umrankten Straßen der Stadt. Hochsommer und Winter (November bis März) sollte man meiden. Beste Reisezeit ist Ende August bis September. Von Ürümqi nach Turpan sind es zwei Stunden Fahrt; der nächste Bahnhof ist 55 Kilometer entfernt, von dort mit Taxi oder Minibus weiter.

Kashgar

Das muslimische Kashgar ist ein Mekka des Handels, berühmt für seine farbenfrohen Basare. Markt ist täglich, um das Treiben der zahllosen Händler und Käufer zu erleben, sollte man an einem Sonntag vor Sonnenaufgang aufstehen.

Feilschen Sie um Teppiche, Messer, Seide, Schmuck und andere Waren mit den Straßenhändlern, und kosten Sie das vielfältige Speisenangebot der verschiedenen Kulturen der kosmopolitischen Stadt. Aber Achtung, Taschendiebe!

Es gibt einen Direktflug von Ürümqi; mit dem Zug dauert es 24 Stunden. Kashgar bietet sich als Endstation einer Chinareise an. Mit Einkäufen eingedeckt könnte man auf der berühmt-berüchtigten Karakorum-Straße das Land in Richtung Pakistan verlassen.

Auf dem Markt in Kashgar gibt es alles.

Die unterirdischen Wasserkanäle des Karez sind Tausende von Jahren alt und bringen noch immer frisches Wasser nach Turpan.

3 Das Hochland Tibets

Tibet. Das Wort beschwört Bilder eines magischen Königreichs im Himalaya – ein fernes Utopia. Die Wahrheit ist leider weit davon entfernt, und die Menschen mussten viel ertragen. Doch das Hochland Tibets ist noch immer wahrlich außergewöhnlich. Es ist voller kultureller Reichtümer, die Landschaften sind überwältigend – von großartigen Ausblicken und malerisch gelegenen Seen bis zur großen Barriere des Karakorum selbst – und sogar die Tiere, auch wenn es wenige sind, erweisen sich als einzigartig und unvergesslich.

Große Teile des Plateaus sind über 4000 Meter hoch. Wind und Sonne sind hier besonders stark. Tagsüber kann es sehr warm werden, während die Temperaturen in der Nacht dramatisch sinken; im Winter sind Werte unter – 30 °C keine Seltenheit. Lhasa ist zwar eine der höchstgelegenen Städte der Welt – aber für Tibet liegt sie eher niedrig. Die Luft enthält nur noch 60 Prozent des Sauerstoffs im Vergleich zur Luft auf Meereshöhe, jede körperliche Anstrengung ist mühsam. Man sollte in Lhasa mindestens drei Tage ruhen, ehe man sich in höhere Regionen begibt. Die Faustregel lautet: Für 300 Höhenmeter sollte man einen Tag ansetzen, und nach jeweils 1000 Höhenmetern einen Ruhetag dazwischen einlegen.

Reisen ist teuer und schwierig, obwohl die Qinghai-Tibet-Bahnlinie Tibet gut erschlossen hat. Wenn Sie es sich leisten können, mieten Sie sich einen Geländewagen mit Fahrer. Reiseveranstalter bieten von Lhasa (und Nepal) aus Touren für Wanderer, Kletterer und Mountainbiker an. Sie können sich auch selbstständig auf den Weg machen, doch sollten Sie sich vorher unbedingt über die aktuelle Gesetzeslage informieren. Genehmigungen könnten kurzfristig ge-

ändert werden, deshalb sollte man sich vor Reiseantritt bei der Botschaft oder dem Reiseveranstalter rückversichern. Sie müssen wohl flexibel sein.

NATURWUNDER

Argali-Schaf
Dies ist das größte Schaf der Welt, und die Hörner des Bocks werden als Jagdtrophäen geschätzt, weshalb die Schafe Menschen gegenüber sehr scheu sind. Am besten kann man sie in den Bergen der Provinz Gansu beobachten. Man fliegt bis Dunhuang und fährt etwa 1 Stunde südlich durch die Dünen

nach Aksai. Nehmen Sie ausreichend Vorräte mit, suchen Sie sich einen Führer und fahren Sie einen Tag lang mitten in das Kharteng-Jagdgebiet. Eine Wanderung über die Berggipfel dauert mehrere Tage.

Wenn Sie auf Bergkämmen wandern, achten Sie auf die Windrichtung und auf Ihre Silhouette. In der Paarungszeit im November verlassen die Schafe die Berghöhen und sind dann weniger schreckhaft. Mit etwas Glück sieht man Böcke kämpfen. Sie könnten auch kasachischen Schäfern auf Kamelen begegnen. Vor Ort erfahren Sie die besten Beobachtungsplätze.

Argali -Schafe in der Provinz Gansu – dort kann man sie gut beobachten.

Vögel, Qinghai-See (Koko Nor)

Chinas größter See liegt auf 3200 Metern Höhe und wird von den Tibetern als der Himmlische See »Koko Nor« – »azurblaues Meer« – verehrt. Von Mai bis September ist er Ziel von190 Vogelarten. Im Mai nisten Tausende von Kormoranen, Streifengänsen und zwei Arten von Möwen auf einer »Insel« inmitten des Niao-Dao-Naturreservats – einer Halbinsel am nordwestlichen Ufer. Es gibt einen unterirdischen Besichtigungsbereich auf der Eierinsel (Egg Island), die oft überfüllt ist, besonders in der Woche um den Maifeiertag. Mit der Qinghai-Tibet-Bahn von Beijing oder Lhasa aus bis zur Station Qinghai-See; oder Flug nach Xining und 4 Stunden per Bus oder Taxi nach Golmud. Unterwegs sieht man häufig muslimische Pilger. In vielen Hotels in Xining kann die Rundfahrt gebucht werden.

Kiangs (wilde Esel)

Es gibt noch immer stattliche Herden, aber im Allgemeinen in sehr abgelegenen Regionen. Das Gebiet nördlich des Xixapangma ist verhältnismäßig gut erreichbar. Wenn Sie von Lhatse aus in Richtung Nepal fahren, verlassen Sie die Straße der Freundschaft, am Fuß von Lalung La in Richtung Saga und Pelku Tso – einem azurblauen See. Die Fahrt dauert mehrere Stunden (wenn es der Straßenzustand erlaubt) und man sieht unterwegs Kiangs und Tibetische Gazellen. Achten Sie auf Adler, die Pikas jagen.

Pikas

Ende September ist eine gute Zeit, um Pikas zu beobachten. Diese kleinen Verwandten der Kaninchen sammeln Wintervorräte und sind

Ein wilder Yak in Verteidigungspose, kurz bevor er die Flucht ergreifen wird.

deshalb besonders aktiv. Ein guter Standort ist nördlich des Xixapangma-Basislagers, gleich bei der Straße der Freundschaft – eine 2-Tages-Fahrt von Lhasa aus. Auf dem Areal neben der staubigen Straße, die nach Saga führt, findet sich ein Pika-Bau neben dem anderen. Wenn man eine Stunde Geduld hat, dann wird man sie bei ihrem geschäftigen Tun beobachten können, vielleicht sogar erleben, wie ein Adler versucht, eines zu erbeuten.

Wilder Yak

Am besten kann man die scheuen Hochlandtiere im Yeniugo-Tal (»Wildes Yak«-Tal) im westlichen Qinghai, wenige Stunden südlich von Golmud, beobachten. Sie benötigen einen Führer (schwierig zu finden) und einen Geländewagen. Vertrautheit mit der Gegend

ist nötig, um überhaupt eine Chance zu haben, einen Yak zu sehen. Sie müssen auch fit sein, wenn Sie in diesen Höhen wandern. Seien Sie auf der Hut vor Braunbären, die sich in dieser Höhe fast ausschließlich von Pikas ernähren, denn neun Monate im Jahr wächst dort fast nichts. Meiden Sie die kältesten Monate (November bis März) und den Sommerregen (Juli und August). Mai und Juni sind ideal, die Temperaturen sind angenehm, und der Regen hat den Untergrund noch nicht unpassierbar gemacht.

LANDSCHAFTSWUNDER

Heiße Quellen

Die Hochebene ist übersät mit heißen Quellen. Die berühmteste ist bei Yangpachen, einer 120 Kilometer von Lhasa entfernten Siedlung. Hier können Sie ein Bad neh-

men und darüber nachdenken, was das Wasser auf 4850 Metern Höhe zum Kochen bringt. Die Unterkünfte sind einfach, erfordern aber Vorbuchung. Ein Zelt für alle Fälle ist sinnvoll.

Im Sommer kann man Kultur mit einem Schlangenbad in den heißen Quellen von Chutsen Chugang beim Nonnenkloster Tidrum in Mozhugongka verbinden   3 Stunden Fahrt östlich von Lhasa, einfache Unterkunft in der Nähe.

Nam Tso

Dies ist mit etwas über 4700 Metern über NN einer der höchstgelegenen Salzwasserseen der Welt. In der Größe wird er nur vom Qinghai-See übertroffen. Wenn er im Sommer eisfrei ist, zieht das azurblaue Wasser zahllose Zugvögel an. Schmelzwasser aus der nahe gelegenen Nyenchen-Tangla-

Der azurblaue Salzwassersee Nam Tso.

Bergkette sorgt für üppige Weiden. Man kann hier auf Yaks um den See reiten und die heiligen Stupas (Buddhistische Gedenkstätten) am Kloster Tashi Dor besichtigen.

Nam Tso liegt 180 Kilometer nördlich von Lhasa. Folgen Sie der Qinghai-Tibet-Eisenbahn nach Norden, verlassen Sie die Hauptstraße in Richtung Damxung und überqueren Sie den Nyenchen Tangla (2-stündige Fahrt) über die Largen La (eine Passstraße, die im Winter durch Schnee unpassierbar ist). Achten Sie auf Bartgeier, die die Berge und Seeufer nach Aas absuchen. Unterkunft ist sehr einfach, Camping ist vorzuziehen.

Everest-Basislager
Der Mt. Everest, oder Qomolangma ist einer von neun 8000ern in Tibet. Die beiden Wetterfenster, die relativ sichere Temperaturen und klare Sicht ermöglichen, sind im Mai und September. Zu Schneestürmen kann es jedoch jederzeit kommen. Es gibt Touren von Lhasa (und Nepal) aus, Sie sollten aber ein sehr geübter Bergwanderer sein – achten Sie auf Symptome der Höhenkrankheit. Sie können Ihr Gepäck von Yaks transportieren lassen, während Sie den Rongbuk-Gletscher entlangtrecken. Als Belohnung winkt auf 6400 Metern Höhe eine phantastische Sicht auf den Everest und andere Berge des Himalaya.

Thong La
Sie reisen nach Süden auf dem Karakorum-Highway (Der Straße

der Freundschaft) an Tingri (und Mt. Everest) vorbei in Richtung Nepal auf 5150 Meter am Thong La. Diese Passstraße bietet wahrscheinlich die beste Sicht auf das Karakorum, die Grenzbarriere Chinas. Die Straße nach Nepal ist die längste bergab führende Straße der Welt.

Die Hochebene herunterfahren
Die Yarlung-Schlucht, die tiefste Schlucht der Erde mit Klimazonen von arktisch bis subtropisch, soll die Vorstellung des Shangri-La inspiriert haben.

Der Yarlung, der als der »Everest unter den Flüssen« bezeichnet wird, entspringt am Kailash und wird schließlich mit einem Gefälle von 3000 Metern auf 242 Kilometern

zum Brahmaputra. In der undurchdringlichen Schlucht sollen sich angeblich tibetische Pygmäenvölker verstecken, soll es einige der größten Bäume Asiens und viele Tier- und Vogelarten geben, die anderswo längst ausgestorben sind.

Es ist nahezu unmöglich, Ausflüge in die Schlucht zu organisieren, aber man kann vom Rand des Dachs der Welt auf der Straße der Freundschaft nach Kathmandu, der Hauptstadt Nepals, fahren.

Bei der Fahrt auf der längsten bergab führenden Straße der Welt wird man rechts flankiert vom schneebedeckten Xixapangma Massiv, einem der neun 8000er Tibets. Innerhalb von 3 Stunden fährt man 4 Kilometer durch die

Die längste bergab führende Straße der Welt, die Straße der Freundschaft nach Nepal.

höchste Bergkette der Welt in die Tiefe. Nach einer Stunde verengt sich die Schlucht und der Schnee weicht endlosen Wasserfällen, die über mit Koniferen bedeckten Hügeln in Kaskaden zu Tal fließen. Noch tiefer wird die Luft schwerer und feuchter, und man wird mit steigender Temperatur und zunehmendem Sauerstoffgehalt immer träger. Die Vögel beginnen zu singen, und aus dem Nichts tauchen Wolken auf. Ein kurzer Stopp an der Grenze, und Sie sind in Nepal, wo Sie ein farbiger Regenbogen erwartet. Es ist eine phantastische Erfahrung, eine für immer unvergessliche Fahrt so zu beenden; und Sie werden erkennen, dass wir Menschen nicht für solche Höhen geschaffen sind.

KULTURWUNDER

»bu«-Sammlung

Mitte Mai bevölkern sich die blühenden Hochweiden Tibets mit Tausenden von Nomaden, die dort »Sommer-Gras, Winter-Wurm« oder »bu« (kurz für »yatsu gubu«) suchen – den leistungssteigernden Pilz, der aus den Köpfen der Raupen der Geistermotten wächst. Zeltdörfer entstehen inmitten der Ödnis. Gelegentlich wird die konzentrierte Suche unterbrochen durch hohe Jubelschreie, wenn jemand eine Raupe gefunden hat. Amdo Golok in der Provinz Qinghai ist bekannt für seine »bu«-Sammler. Hier kann man Yakbutter-Tee mit den Nomaden trinken, selbst nach

Der Potala-Palast ist Museum für Geschichte, Religion und Kunst Tibets. Früher wohnte hier der Dalai Lama.

»bu« suchen und (im Verhältnis!) nahe gelegene Städte besuchen, in denen »bu« verkauft wird. Man fliegt nach Xining und fährt dann nach Golok – eine 2-Tages-Reise, aber es lohnt sich. Touren arrangiert man am besten im Voraus, und man braucht einen guten Führer.

Potala-Palast

Bei einer Reise in die Hauptstadt Tibets ist ein Besuch des Potala-Palastes, der fast von überall aus in Lhasa zu sehen ist, unabdingbar. Der frühere Wohnsitz des Dalai Lama – des ins Exil verbannten geistlichen Oberhaupts von Tibet – ist heute eher ein Museum als ein Regierungssitz oder ein Ort der Verehrung. An den Marpo-Ri-Hügel gebaut, ist der Palast sicher das

eindrucksvollste Gebäude in ganz Tibet. (Gehen Sie die Treppen langsam hinauf, wenn das Ihre erste körperliche Aktivität in dieser Höhe ist.) In alten Legenden ist die Rede von einer heiligen Höhle, die der Kaiser Songtsen Gampo im 7. Jahrhundert n. Chr. als Zufluchtsort genutzt habe, was danach vermutlich zum Bau des Palastes geführt hat. Spazieren Sie durch die Hallen und bestaunen Sie die wertvollen Ausstellungsstücke aus der Geschichte, Religion, Kunst und Kultur Tibets.

Jokhang-Tempel

Erbaut im Jahr 647, ist das Jokhang eines der ältesten Gebäude in Lhasa und wahrscheinlich Tibets heiligster Tempel – ein Anziehungspunkt für Buddhisten aus aller Welt. In der Morgendämmerung werden Wacholderzweige in den großen Weihrauchgefäßen vor dem Gebäude verbrannt. Der parfümierte Rauch steigt von dort auf, gelegentlich beleuchtet ein Aufflackern die geisterhafte Szene der Betenden. Das Murmeln von Mantras mischt sich mit dem Wacholderduft, Sie werden es lange in Erinnerung behalten. Ständig kommen neue Pilger aller Altersgruppen hinzu und bewegen sich im Uhrzeigersinn im Tempelkreis.

Es empfiehlt sich, Lhasa im Oktober zu besuchen – es ist dann verhältnismäßig warm, der Himmel ist klar, und viele Pilger kommen in die Stadt. Das ist auch die beste Zeit für organisierte Touren außerhalb der Stadt; allerdings

muss man vorbuchen, es ist die Hauptsaison.

Xiongse-Nonnenkloster
Das Verhältnis von Mensch und Tier ist fundamental im Buddhismus, und nirgends ist das besser zu sehen als in den Klöstern, in denen gläubige Buddhisten wilde Tiere den kalten tibetischen Winter über füttern. Das 1182 gegründete Xiongse-Nonnenkloster im Dorf Caina ist nur 30 Kilometer von Lhasa (in Richtung Gyantse) entfernt, aber der Fußweg hinauf zum Tempel dauert 2 Stunden. Im Winter füttern die Nonnen etwa 25 tibetische Ohrenfasane.

Rongbuk-Kloster
Das höchstgelegene Kloster der Welt ist an sich schon einen Besuch

wert, aber die großartige Kulisse des Mt Everest macht es doppelt reizvoll. Rongbuk erreicht man mit dem Jeep in 20 Minuten (zu Fuß sind es 2 Stunden) vom Everest-Basislager aus. Günstig sind Mai, September und Oktober.

Saga-Dawa-Festival am Mt. Kailash
Die 1000 Kilometer lange Reise Lhasa zum – für viele – heiligsten Ort der Erde dauert 5 Tage. Versichern Sie sich, dass Ihr Fahrer langsam fährt – Unfälle sind häufig. Bringen Sie Verpflegung und Luftmatratzen mit, Sie werden die meiste Zeit kampieren. Der Weg führt an der großen Barriere des Himalaya entlang, an schneebedeckten gigantischen Gipfeln. Sie werden viele Pilger sehen, die sich über viele Meilen auf dem Boden kriechend dem Mt. Kailash nähern.

Besuchen Sie Mt. Kailash bei Vollmond im vierten Mondmonat (normalerweise Juni), um Zeuge des Saga-Dawa-Festivals zu werden. Zahllose Gläubige kampieren zu Füßen des Kailash und nehmen die 55 Kilometer lange »kora« auf sich, indem sie den Berg umwandern oder ihn auf dem Boden kriechend umrunden.

Die Route zu Fuß dauert ungefähr 3 Tage, doch man kann Yaks und Träger engagieren. Ein mächtiger Lärm begleitet den Höhepunkt des Festes, das Aufrichten der mit Gebetsfahnen geschmückten Fahnenstange. Sollten Sie nicht versäumen.

Ein tibetischer Ohrenfasan, einer von vielen, gefüttert von den Nonnen des Xiongse-Klosters.

4 Yunnan

Wenn Sie nur Zeit für eine Region haben, dann besuchen Sie Yunnan. Dort befinden sich unbestritten die vielfältigsten Landschaften – von schneebedeckten Bergen bis zu tropischen Regenwäldern. Ein Drittel (25) aller ethnischen Minderheiten Chinas lebt dort und die Hälfte aller Pflanzen- und Tierarten sind in den über 100 Naturreservaten zu finden – mehr als in jeder anderen Provinz. Das Klima variiert stark, aber in der Hauptstadt Kunming herrschen ganzjährig angenehme Temperaturen. Für Touristen ist Yunnan gut erschlossen.

NATURWUNDER

Im Tal der Wilden Elefanten.

Asiatische Elefanten

Das Tal der Wilden Elefanten im Sanchahe-Naturreservat Xishuangbanna ist bei Touristen sehr beliebt, man kann den Tieren hier sehr nahe kommen. Eine Seilbahn bringt Sie über 2 Kilometer zu einer Aussichtsplattform über dem Fluss, in dem die Elefanten morgens baden. Die beste Zeit ist das Frühjahr, und Sie sollten in einem der einfachen überdachten Baumhäuser übernachten. Sie können sich auch vor dem Fluss fotografieren lassen und anschließend am Computer ein paar Elefanten ins Bild hineinmontieren lassen – ein Service, der dort für wenig Geld angeboten wird. Leider werden viele Besucher in das Tal gebracht, damit ihnen dort die deprimierenden Kunststücke der »wilden« Elefanten vorgeführt werden – Tierfreunden nicht zu empfehlen.

Schopfgibbons

Einst waren sie in ganz China, von der Ostküste bis zur Grenze nach Burma, weit verbreitet, heute gibt es Schopfgibbons nur noch an wenigen Stellen in Yunnan – im Südwesten von Guangxi und auf der Insel Hainan. Im Wuliang-Shan-Naturreservat in den Wuliang-Bergen soll es etwa 200 bis 400 Gibbons geben, aber es ist schwierig, sie zu Gesicht zu bekommen. Sie leben in Familiengruppen und verbringen die meiste Zeit weit oben in den Baumwipfeln. Männchen sind schwarz, Weibchen gelb. Im Morgengrauen stimmen sie in den Wipfeln oft einen Wechselgesang an; das ist die beste Zeit, sie überhaupt ausfindig zu machen. Im Frühjahr kann man sie auch auf fruchttragenden Bäumen entdecken. Der nächste Flughafen ist Kunming-Dali, eine Tagesfahrt von Wuliang Shan entfernt.

Fasane

In China gibt es 27 Fasanenarten – mehr als die Hälfte aller existierenden Arten überhaupt – einige der schönsten findet man im Südwesten. Sie sind scheu und schwierig zu beobachten. Auf Vogelexkursionen gelangen Sie zu den besten Plätzen, etwa zu den Amherstfasanen im Cang Shan (»den jadegrünen Bergen«). Der Mai ist die günstigste Zeit. In der Nachbarprovinz Sichuan gibt es einige zugängliche Vogelreservate, darunter das 134 Kilometer von Chengdu entfernte Wolong, wo man Temminck-Tragopane, Weißohr-, Gold- und Grünschwanz-Glanzfasane beobachten kann. Wer sich für Weißohrfasane interessiert, fährt von Chengdu nach Kanding und eine weitere Tagesreise nach Daocheng zum Zhujie-Kloster, wo sie von tibetischen Mönchen gefüttert werden.

Der besonders prächtige Amherstfasan.

Nu Jiang (Salween)
Lancang (Mekong)
Wolong NR
Chengdu
Fengtongzhai NR
TIBET
Kanding
SICHUAN
Meili Schnee Berg
Meili Xue NR
Hengduan Shan
INDIEN
Bai Ma Xue Shan
Bai-Ma-Schnee-berg-NR
Gongshan
Zhongdian
Yangtse
Yangtse
GUIZHOU
Gaoligong Shan
Haba Xue Shan
Tiger Leaping Schlucht
Lijiang
Yangtse
Mekong
Dongchuan
Erhai Lake
Cang Shan
Chang Shan
Dali
Yunnan-Guizhou Berge
Xiaguan
Gaoligong Shan
Kunming
Baoshan
YUNNAN
Shilin-Steinwald
Mangshi
Nanpan
GUANGXI
Wuliangshan NR
Ruili
Ailao Shan
Wuliang Shan
BURMA (MYANMAR)
Mekong
XISHUANGBANNA
Salween
Sanchahe NR
Menglun
Jinghong
LAOS
VIETNAM
Mengla

Pflanzenparadies Zhongdian

Yunnan verfügt mit über 15 000 Arten über das reichste Pflanzenarsenal ganz Chinas. Botanisch Interessierte fahren oder fliegen in den Norden nach Zhongdian, der tibetischen Siedlung, die auch als Shangri-La bekannt ist. Sie befindet sich auf einem 3000 Meter hohen Plateau, wo man, umgeben von Bergen und Wäldern, auf viele kleine Dörfer mit geschmückten Holzhäusern trifft. Hier haben einst die Pflanzenjäger Joseph Rock, George Forrest und Frank Kingdon-Ward Samen und Ableger gesammelt: von Bäumen, Rhododendrenarten wie etwa Azaleen und

Eine der viele Primelarten aus Yunnan.

mehrjährige Blütenpflanzen, die zu klassischen Gartenpflanzen geworden sind. Im Juni blühen viele Blumen auf den Wiesen, darunter Primeln und Irise. An den Seen Napha und Sudu, beide in zwei Stunden Fahrt zu erreichen, findet man Blauen Mohn und Frauenschuh.

Rote Pandas

In einigen wenigen Reservaten im Südwesten Chinas gibt es noch Rote Pandas. Im Fengtongzhai-Naturreservat, ca. 250 Kilometer von Chengdu, der Hauptstadt Sichuans, entfernt, hat man gute Chancen, sie zu sehen. Gehen Sie im Frühjahr. Sie brauchen gute Ferngläser und viel Geduld: Rote Pandas sind meist Einzelgänger und von abends bis morgens aktiv. Im Panda-Zucht- und Forschungszentrum, 10 Kilometer von Chengdu entfernt, und im Kunming-Safaripark kann man Rote Pandas in Gefangenschaft sehen.

Tropischer Botanischer Garten Xishuangbanna – Menglun

1959 wurde dieser wunderbare Garten in der Stadt Menglun, östlich von Jinghong, von dem berühmten chinesischen Botaniker Cai Xitao gegründet. Xitao faszinierten die Heilwirkungen der Pflanzen aus den tropischen Wäldern. Auf 860 Hektar sind hier Tausende von verschiedenen tropischen und subtropischen Pflanzen zu sehen, darunter auch ein 800 Jahre alter Teebaum und ein 1000 Jahre alter Palmfarn.

Yunnans Stumpfnasenaffen

Diese wenig erforschten Affen leben in größeren Höhen als alle anderen Primaten (Menschen ausgenommen). Nur noch 1500 gibt es in freier Wildbahn. In Tacheng im Naturreservat Bai Ma Xue Shan (Bai- Ma-Schneeberg) lebt die größte Population. Gehen Sie möglichst mit einem erfahrenen Führer. Sie fliegen nach Zhongdian und fahren etwa 2 Stunden auf Bergstraßen nach Tacheng. Eine Gruppe wird häufig von den Angestellten des Reservats in einen kleinen Waldbereich getrieben – ein umstrittenes Vorgehen, aber so haben die Touristen eher eine Chance, die Affen zu sehen.

LANDSCHAFTSWUNDER

Meili Xue Shan

An der Grenze zu Tibet trennen die Meili-Schneeberge die tiefen Schluchten des Mekong und Nu Nu Jiang (Salween). Dort befindet sich auch der Kawagebo, mit 6672 Metern der höchste Berg von Yunnan und einer der acht heiligen Berge des tibetischen Buddhismus. Der Anblick des Kawagebo bei Sonnenaufgang vom Feilai-Tempel aus, 10 Kilometer von Deqin entfernt, lohnt eine Reise. Von hier aus ist das Naturreservat Meili Xue Shan nur 20 Kilometer entfernt. Es gibt einen 12-tägigen Pilgertreck um den Kawa Karpa (nur mit Führer). Fliegen Sie nach Zhongdian, von dort mit Bus oder Mietauto nach Deqin (Dezember bis April sind die Straßen wegen Schnee oft gesperrt).

Rote Pandas – in freier Wildbahn selten zu sehen, hier im Zuchtzentrum von Chengdu.

Die Tigersprungschlucht oder Hutiao Xia, eine der touristischen Attraktionen Chinas.

Gaoligong Shan und Nu-Jiang-Schlucht

Die Gaoligong-Berge markieren die Grenze zwischen Yunnan und Burma, sie trennen die Flüsse Nu Jiang (Salween) und Irawaddy. Der Nu Jiang hat eine 805 Kilometer lange Schlucht herausgeschnitten – ein malerisches, raues Areal. Diese Berge im Nordwesten von Yunnan mit ihren Wäldern und die Schlucht beherbergen eine biologische Vielfalt, die einzigartig ist auf der Welt. Viele der dort vorkommenden Pflanzen sind endemisch. Dies ist vielleicht die letzte ursprüngliche Wildnis Yunnans. Um sie erkunden, schließt man sich am besten in Dali, Baoshan oder Lijiang einer geführten Trecking-Tour an. Tibetische, Lisu- und Nu-Siedlungen kleben an den Hängen der Schlucht, wackelige Seilbrücken baumeln über den Stromschnellen. Der Bau von 13 Staudämmen am

Nu Jiang in Yunnan wurde 2004 gestoppt. In Thailand und Burma jedoch befinden sich noch mehrere Staudämme in Planung, so der Ta-Sang-Damm, der noch größer werden soll als der umstrittene Drei-Schluchten-Damm.

Tigersprungschlucht

Diese unglaublich tiefe Schlucht wird als eines der Naturwunder Chinas gepriesen und ist inzwischen sehr kommerziell. Sie befindet sich 90 Kilometer nördlich von Lijiang im Nordwesten von Yunnan und verläuft zwischen dem Jade-Drachenschneeberg (Yulong Xue Shan) und dem Haba-Schneeberg (Haba Xue Shan). Vom Rand der Schlucht blickt man 200 Meter tief auf den tosenden Jangtse, der hier Jingsha oder Goldener Sandfluss heißt. Ideale Reisezeit ist Mai/Juni. Nehmen Sie sich 3 Tage Zeit für die Wanderung durch die Schlucht. Sie können auch mit einem Bus nach Qiaotou fahren, von wo aus Touristentouren zu besonderen Aussichtspunkten angboten werden. Die acht am Oberlauf des Yangtse geplanten Staudämme bedrohen die Schlucht, die Teil eines Welterbe-Areals ist; Tausende von Naxi werden umgesiedelt.

Erhai-See

Dieser riesige, ohrförmige See nördlich der Stadt Dali ist einer der Hauptzuflüsse des Mekong. Von Dali aus erreicht man den See zu

Die Fischer auf dem Erhai-See setzen Kormorane zum Fischen ein – nicht nur für Touristen.

Fuß in 60 oder in 10 Minuten mit dem Fahrrad. Hier wird noch immer mit Kormoranen gefischt. Die Dörfer und Inseln der Umgebung lohnen einen Besuch. Fähren bringen Sie zu den Morgenmärkten oder einem der Pavillions an der Ostseite. Wenn Sie übernachten wollen, nehmen Sie die Nachmittagsfähre von Caicun nach Wase.

Mengla-Regenwald, Xishuangbanna

Die an Laos und Burma angrenzende Spitze von Yunnan darf sich rühmen, den einzigen tropischen Regenwald Chinas zu besitzen, der im Xishuangbanna-Biosphärenreservat liegt. Obwohl er nur 0,2 Prozent der Landfläche einnimmt, besitzt er die höchste Biodiversität in ganz China: 4000 Pflanzenarten, 102 Säugetier- und 400 Vogelarten, die zahllosen Reptilien, Amphibien, Fische und Wirbellosen nicht mitgezählt. Weite Teile des Regenwaldes mussten Kautschukplantagen weichen, aber einige Reste sind geblieben. Am schönsten sind die Teilreservate Menglun und Mengla.

Fliegen Sie von Kunming nach Jinghong und von dort nach Mengla. Etwa 7 Kilometer nördlich von Mengla bei Bupan gibt es einen Pfad, der über das Hauptkronendach des Waldes führt.

Steinwald von Shilin

Etwa 126 Kilometer südöstlich von Kunming befindet sich eine bizarre Ansammlung von Kalksteinfelsen – der Shilin-Steinwald. Über Millionen von Jahren wurde der einstige Meeresboden von Wind, Wasser und saurem Regen ausgewaschen, übrig blieben grauen Steinsäulen. Eine der offiziellen touristischen Hauptattraktionen Yunnans, im Vergleich zu anderen Attraktionen allerdings überschätzt. Die Sani leben hier.

KULTURWUNDER

Wasserfest der Dai

Als Teil ihrer Neujahrsfeier veranstalten die Dai aus Xishuangbanna im April ein Wasserfest (die Daten variieren). Es symbolisiert die Reinigung von Schmutz und Unglück des vergangenen Jahres und heißt zugleich ein glückliches neues Jahr mit einer guten Regenzeit willkommen. Am ersten Tag kann man Drachenbootrennen auf dem Lancang beobachten; es gibt auch einen großen Markt. In Jinghong muss man darauf gefasst sein, in den folgenden Tagen richtig nass zu werden, wenn die größte aller Wasserschlachten in den Straßen der Stadt ausgetragen wird (es bedeutet Glück, wenn man wirklich nass wird). Halten Sie Ausschau nach den Dai-Pfauen- und Elefantentänzen. Das Finale verfolgt man am besten am Fluss – dem Schauplatz eines großartigen Feuerwerks.

Minoritäten-Dörfer Xishuangbanna

Dies ist das ethnisch vielfältigste Gebiet Chinas. Unter den etwa 42 880 000 Bewohnern gibt es Dai, Ahka, Jinuo, Yi, Lahu, Bulanand und Yao, um nur einige zu nennen, die jeweils in ihren Religionen, Kulturen und ihren Sprachen vieles gemeinsam haben mit den angrenzenden Staaten Burma, Laos, Thailand und Vietnam. Bleiben Sie ein paar Tage in Jinghong, und besuchen Sie umliegende Dörfer. Mit dem Tourismus verschwinden viele der Traditionen, selbst

Die Kalksteinsäulen der Shilin-Steinwaldes – einer beliebten touristischen Attraktion.

Dai-Männer und -Frauen rudern ein Drachenboot während des Wasserfests in Xishuangbanna, das im April/Mai gefeiert wird.

traditionelle Kleider sind in einigen Dörfern nur noch Touristenartikel.

Lijiang Altstadt und die Naxi

Etwa 160 Kilometer nördlich von Dali liegt Lijiang in einem Tal unterhalb des Yulong Xue Shan (Jade-Drachenschneeberg). Mieten Sie sich ein Fahrrad und tauchen Sie ein in die Kultur der Naxi. Wenn Sie den etwas geschmacklosen Touristenbereich hinter sich lassen, werden Sie in den Kopfsteinpflasterstraßen, den Kanälen, den wackeligen Holzhäusern und dem Getümmel auf dem Marktkt in der Altstadt die echte Kultur der Naxi erleben. Die Naxi stammen von den Quiang-Volksstämmen Tibets ab, die sich vor 1400 Jahren in dieser Gegend niedergelassen hatten. Vom Kloster Head Yufeng Si aus genießen Sie den phantastischen Ausblick über das nördliche Lijiang-Tal. Weiter entfernt liegt Yuhu, das Dorf, in dem Joseph Rock, der berühmte Botaniker, Forscher und Freund der Naxi, in den 1920er und 1930er Jahren gelebt hat.

Dali und die Bai

Dali liegt am Westrand des Erhai-Sees zu Füßen des Cang Shan (jadegrünen Bergs). Hier leben etwa 1,5 Millionen Menschen der Bai-Minderheit, die diese Region schon seit mehr als 3000 Jahren bewohnen.

Fliegen Sie von Kunming nach Xiaguan, von dort ist es eine Fahrt von 45 Minuten. Die »Feier des dritten Mondes« war ursprünglich ein buddhistisches Fest. Gefeiert wird es am 15. des dritten Mondmonats (April oder Mai), und es sind 5 Tage voller Festivitäten und Märkte, die Menschen aus ganz Yunnan anziehen. In Dali gibt es noch immer Pagoden aus der Zeit, als die Stadt ein Zentrum des Buddhismus war, die besterhaltene ist die im Norden gelegene San Ta Si (die Drei Pagoden). Ausflüge zum Cang Shan kann man in Dali buchen.

Ruili und Minoritätendörfer

Die Stadt liegt an der Grenze zu Burma und ist eine Zwischenstation für allerlei Handelsware. Aber sie ist auch kulturell faszinierend, mit ihrer Mischung aus Han-Minoriäten und Burmesen, die die meisten Stände auf dem Markt haben. Besuchen Sie den Markt im Westen der Stadt am Morgen und den im Osten etwas später, besonders, wenn Sie Jade kaufen wollen. Die traditionellen Dörfer und Tempel erreicht man mit dem Fahrrad, und sie sind nicht so überlaufen wie in Xishuangbanna. Man kann auch von Mangshi aus (2 Stunden von Kunming entfernt) nach Ruili fliegen.

5 Die große Reisschüssel (Südchina)

Südchina bietet alles – von heiligen Bergen, unerforschten Höhlen und seltenen Tieren bis hin zu traditionellen bäuerlich geprägten Landschaften und Kulturen. Die beste Zeit ist das Frühjahr, da es im Sommer sehr schwül und im Herbst sehr nass werden kann. Reisen ist noch recht günstig, die meisten Ziele erreicht man gut mit dem Auto oder Flugzeug. Die Umwelt leidet unter der intensiven Landwirtschaft und den Industrieabfällen, man muss gefasst sein auf Müll und schlechte Luft. Aber außerhalb der Städte ist die Natur noch häufig intakt.

NATURWUNDER

Vogelbeobachtung – Poyang und Caohai-Seen

Der in der zentralen Überflutungs-ebene des Jangtse gelegene Poyang-See in der Provinz Jiangxi ist der größte See Chinas. Es ist eines der Feuchtgebiete der internationalen Ramsar-Konvention und vermutlich das größte Zugvögelgebiet der Erde. Zwischen Dezember und März über-wintern hier Millionen von Vögeln, darunter die Sibirischen Kraniche.

Zu den anderen seltenen und be-drohten Arten gehört der orientali-sche Weißstorch, die Schwanengans und der Weißnackenkranich. Um sie zu beobachen, brauchen Sie Zeit und ein gutes Fernglas.

Der Caohai-See ist viel kleiner, aber auch ein Vogelareal erster Güte. Das Naturreservat im westli-chen Guizhou erreicht man in 15 Minuten mit dem Auto von Weining aus. Man kann hier über-winternde, bedrohte Schwarz-nackenkraniche und 180 andere Vogelarten sehen.

Delacour-Schwarzlanguren

Diese seltene Affenart gehört zu den liebenswertesten und zugleich am stärksten bedrohten Tierarten Chinas. Die größte Population, etwa 700 Exemplare, lebt wohl in

Weißnackenkraniche am Caohai-See.

dem abgelegenen Mayanghe-Naturreservat im Nordwesten von Guizhou. Die nächste Stadt mit einem Flughafen ist Tongren, wo Sie einen Bus nach Yenhe und Mayanghe nehmen können – eine lange, unbequeme Tagesreise über enge Serpentinen. Die Unterkunft ist einfach. Stehen Sie früh auf und begleiten Sie den Führer auf einen 10-Minuten-Spaziergang am Fluss entlang zur Fütterungsstation. Ein paar kräftige Pfeifentöne und leckere Süßkartoffeln werden eine Gruppe von Affen von den steilen Wänden der Schlucht herunter-locken. Gute Besuchszeiten sind zwischen Februar und April; dann

bekommt man die orangefarbenen Affenbabys am ehesten zu sehen.

Chinesische Alligatoren

Da es weniger als 150 wildlebende Exemplare gibt, ist es sehr unwahr-scheinlich, dass Sie einen zu Gesicht bekommen. Besuchen Sie stattdes-sen in Xuancheng in der Provinz Anhui die Zuchtanstalt, etwa eine Stunde Fahrt südwestlich von Wuhu. Reiseveranstalter in Tunxi oder Heifei arrangieren Besuche. Etwa 500 ausgewachsene Tiere werden in Teichen gehalten und Hunderte von kleinere Alligatoren in Basins. Man kann sie auch im Changxing-Zucht- und Forschungs-

Gezüchtete junge chinesische Alligatoren.

Qinling

HENAN

JIANGSU

SHAANXI

Huai

ANHUI

Nanjing

Shanghai

Wuhu

Yinjiabian

Drei-
Schluchten-
Staudamm

HUBEI

Xuancheng

Tangkou

Huangshan

SICHUAN

Wuhan

ZHEJIANG

CHONGQING

Yangtse (Chang Jiang)

Poyang See

Chongqing

Huanglong
Höhle

Wulingyuan
Scenic Area

Dongting
See

Nanchang

Zhangjiajie NP

Yuan Jiang

Changsha

Shaoshan

JIANGXI

Mayanghe NR

HUNAN

Yangtse
(Chang Jiang)

GUIZHOU

Ciping

Fuzhou

Caohai

Weining

Zhaoxing Dong

Linxi

FUJIAN

Guiyang

Kaili

Xijiang

Ganzhou

Zhijin

Leishan

Anshun

Zhongdong
Höhle

Longshen

Nan Ling

Formosastraße

Huangguoshu
Wasserfälle

Getuhe
Höhle

Sanjiang

Gulin

Ost-
chine-
sische
Meer

Taiwan

Yangshou

GUANGXI

Li

GUANGDONG

YUNNAN

Guiping

Xi

Guangzhou (Canton)

Süd-
chinesisches
Meer

Jianshui

ANYANG

Nanning

Hongkong

VIETNAM

Golf von
Tonkin

0   100   200 Kilometer

0   100   200 Meilen

LAOS

zentrum in Yinjiabian in der Provinz Zhejiang sehen. Im Mai/Juni beginnt die Brautwerbung der Alligatoren, und Sie können das frühmorgendliche Bellen der Männchen hören.

Kormoranfischen
Die Fischerei mit Kormoranen ist in Zentral- und Südchina immer noch

sehr verbreitet, wenn auch heute vielfach nur als Show für die Touristen. Die schönste Umgebung dafür bietet der Fluss Li im Nordosten der Provinz Guanxi. Touren werden von den Hotels in Yangshuo, in der Nähe von Guilin, angeboten. Am Abend kann man diese traditionelle Art des Fischens beobachten.

Tibetmakaken
Um den berühmten Huang Shan (Gelber Berg) zu besuchen, fährt man in etwa 1 Stunde in das zwischen Tunxi und Tangkou gelegene Affental. Unmittelbar nach einem Schlagbaum vor dem Dorf Zhaixi führt eine schmale Straße westwärts in das Dorf Fuxi, von wo

aus Sie zum Eingangstor des Affen-
tals fahren können. In etwa 15
Minuten hat man die Stufen zum
Aussichtspunkt erklommen; hier
werden mehrere Gruppen dieser
sehr großen Makaken viermal
täglich gefüttert. Beobachten Sie
sie aus sicherer Entfernung von den
hölzernen Pagoden aus; beachten
Sie aber die Affenetikette – starren
Sie nie den Tieren in die Augen, Sie
provozieren dadurch einen Angriff.

Wildtiermärkte

Wenn Sie die ganze Bandbreite des
in China üblichen Handels mit zum
Verzehr bestimmten wilden Tieren
erleben wollen, besuchen Sie einen
der vielen Wildtiermärkte in den
Südprovinzen. Die wenig erbau-
liche Erfahrung wird Ihnen die
Augen öffnen. Das Fleisch und
gewisse Körperteile einiger Tiere
sollen aphrodisierende oder

heilende Wirkungen haben. Viele
andere werden einfach verspeist,
um den Status des Gastgebers zu
demonstrieren. Berüchtigt ist der
Markt Hua Nam auf der Zhengcha
Straße in Guangzhou.

LANDSCHAFTSWUNDER

Karstlandschaft und der Fluss Li

Der Li schlängelt sich von Guilin in
der Provinz Guangxi südwärts
durch eine typisch chinesische
Landschaft, wie sie auf vielen Gemälden dargestellt ist. Schiefe
Karstfelsen, jeder mit einem eigenen Namen, flankieren den Fluss;
dazwischen liegt ein Flickenteppich
von grünen Feldern. Diese Szenerie
erlebt man am besten 65 Kilometer
südlich bei Yangshuo. Mieten Sie
ein Fahrrad oder nehmen Sie ein
Boot auf dem Li von Yangshou
oder Guilina aus, um diese Kalk-

Die Karstfelsen im Höhlenbezirk Guangxi.

steinformationen zu sehen. Am
dichtesten stehen sie zwischen den
Dörfern Caoping und Xingping.
Zwischen Mai und September sieht
die Landschaft am prächtigsten aus.

Reisterrassen in Yuanyang

Einige der großartigsten und
ausgedehntesten Reisterrassen
Chinas wurden von den Hani in der
Provinz Yunnan erbaut. Quartieren
Sie sich in der 80 Kilometer südlich
von Jianshui gelegenen Hügelstadt
Yuanyang ein. Die Felder liegen im
Frühjahr und Sommer meist im
Nebel; die besten Sichtverhältnisse
herrschen im Winter, wenn sie
geflutet werden. Bei Sonnenauf-
oder -untergang kann man wunderschöne Fotos machen. Die berühmten Drachenrücken-Reisterrassen in
Longshen in Guangxi sind ebenfalls
sehr eindrucksvoll.

Lebende Schlangen zum Verkauf – in großem Umfang werden Wildtiere verzehrt.

Zhangjiajie

Die oft als Zhangjiajie bezeichnete reizvolle Landschaft der Wulingyuan Scenic Area ist so mystisch und dramatisch, wie man sie selten zu Gesicht bekommt. Dieses UNESCO-Welterbegebiet, bestehend aus dem Zhangjiajie-Nationalpark, dem Suoxiyu-Naturreservat und dem Berg-Tianzi-Naturreservat, befindet sich im Nordwesten von Hunan. Auf einem Sandsteinsockel erheben sich mehr als 3000, bis zu 300 Meter hohe Türme aus Kalkstein über den nebeligen subtropischen Wald, umgeben von rauschenden Wasserfällen und kristallklaren Bächen. In der Region gibt es mehr als 3000 Pflanzenarten, darunter 550 Bäume, und seltene Tiere wie den großen Salamander. Man kann sie von mehreren Städten aus erreichen, aber das Dorf Zhangjiajie an der Südgrenze ist am beliebtesten. Man kann auch vom Dorf Suoxi aus den Osten und Norden erkunden. Es ist schwül im Sommer, im Winter kann es schneien.

Gelber-Drachen-Höhle und Zhijin-Höhlen

Wenn Sie kein erfahrener Höhlenforscher sind und keinen ortskundigen Führer engagieren können, ist es gefährlich, die Höhlen Chinas zu erkunden. Am besten kontaktiert man eine der britischen Höhlenforschergruppen, die einige der Höhlen untersucht haben oder das Karstinstitut in Guizhou. Die bemerkenswerten chinesischen Schauhöhlen wie die Gelber-Drachen-Höhle (Huanglong Dong) bei Zhangjiajie (Provinz Hunan) oder die angeblich größte und in weiten Teilen noch unerforschte Höhle Zhijin in der Provinz Guizhou bieten weniger riskanter Ausflüge in die Unterwelt. Zhijin kann mit dem Bus von Anshun innerhalb eines Tages erreicht werden. Die Höhlen sind oft kitschig-bunt beleuchtet, es gibt Treppen, Wege und Boote.

Huang Shan (Gelber Berg)

Es wird behauptet, dass man nie mehr wieder einen anderen Berg besteigen möchte, wenn man einmal auf dem Gelben Berg war. Sein spektakuläres Panorama – Felsenmonolithe, die sich aus dem Bambuswald erheben und alte, krumme Kiefern an den in Nebel getauchten Felswänden – hat Dichter und Maler über die Jahrhunderte immer wieder angezogen. Oft sind Scharen von Leuten auf den vielen Treppen zu den verschiedenen Aussichtspunkten unterwegs. Sie können sich auch in

Die Sandsteinsäulen der mystischen Wulingyuan Scenic Area.

Die berühmten Felsen des Huang Shan ragen aus den Wolken – ein viel besuchter Berg.

einer Sänfte nach oben tragen lassen. Um den Sonnenaufgang zu erleben, übernachten Sie in einem der Berghotels. Der Hauptzugang zum Huang Shan ist Tangkou, von Tunxi aus mit dem Bus erreichbar. Nach Tunxi kann man fliegen oder mit der Bahn fahren. Um das Wolkenmeer zu sehen, ist der November ideal. Wenn Sie im Winter reisen, sind die Berge schneebedeckt. Warme Kleidung und Regenschutz sollte man dabeihaben.

Huangguoshu-Wasserfall

Dies ist der größte Wasserfall in ganz Asien: mehr als 80 Meter breit und 74 Meter tief. Das Wasser donnert in Kaskaden hinunter in das Rhinoceros-Becken. Von Anshun in westlichen Guizhou aus ist es eine Tagestour. Nehmen Sie

die Seilbahn zum Eingang unmittelbar vor dem Dorf. Wasserdichte Kleidung und gute Schuhe sind unverzichtbar.

KULTURWUNDER

Dörfer Miao und Dong

In der autonomen Präfektur Qiandongnan Miao und Dong im Südosten von Guizhou leben mehr als 13 verschieden Minderheiten, die alle ihre eigene traditionelle Lebensweise pflegen. Kaili (westlich von Sanjiang) ist das Zentrum der Miao-Silberkultur und für Reisende ein guter Standort. Besuchen Sie das kleine, 2 Stunden nördlich von Kaili am Fluss gelegene Dorf Chong'an. Lohnenswert ist auch ein Abstecher in das malerische Dorf Xijiang, der größten Siedlung

der Miao in dieser Region; der Wochenmarkt ist berühmt für seine Stickereien und Silberwaren. Südöstlich von Kaili liegt das Dorf

Miao mit traditionellem Silberkopfschmuck.

Zhaoxing der Dong mit seinen traditionellen Holzhäusern, Wind-und-Regen-Brücken und den Fünf-Trommeln-Türmen. Die Türme waren Wachtürme, bei Gefahr wurden die Trommeln geschlagen, um die Dorfbewohner zu alarmieren. Reisen Sie im Frühjahr in der Zeit des Lusheng-Festivals.

Holzbrücken von Sanjiang

Die berühmteste Wind-und-Regen-Brücke befindet sich in der Provinz Guangxi, im nördlich von Sanjiang gelegenen Chengyang, auf der anderen Seite des Li. Kein einziger Nagel wurde bei der Konstruktion dieser Brücken verwendet, die einst religiösen Zwecken dienten. Heute aber sind sie beliebte Treffpunkte für die Einheimischen.

Shaoshan – Geburtsort Maos

Der Vorsitzende Mao Zedong kam 1893 in Shaoshan zu Welt, einer kleinen Stadt, die in einer idyllischen bergigen, von Reisfeldern und traditionellen Häusern geprägten Landschaft liegt. Die Zugreise von Changsha aus dauert 3 Tage. Der Ort ist allerdings überlaufen. Der Schrein ist das Haus von Maos Familie, ein einfacher Lehmziegelbau.

Wiege der Revolution

1927 führte Mao 900 Männer zum zum Berg Jinggang. Von hier aus, an der Grenze zwischen Hunan und Jiangxi, startete er 1934 zusammen mit Zhou Enlai und Zhu De den berühmten »Langen Marsch« nach Shaanxi, mit dem die Volksrepublik China ihren Anfang nahm. In den Hügeln gibt es mehr als 100 historische Stätten der Roten Armee. In Ciping (von Nanchang aus mit dem Bus erreichbar) und Ganzhou gehören dazu das Revolutionsmuseum und das frühere Hauptquartier.

Man kann sich auch in die schöne Landschaft und in die Bergwälder flüchten, wo die Azaleen blühen und es nur wenige Touristen gibt. Die günstigste Reisezeit ist zwischen Juni und Oktober.

Eine hölzere Wind-und-Regen-Brücke bei Guangxi, die ohne einen einzigen Nagel von den Dong erbaut wurde.

6 Überfüllte Küsten

Die geschäftigen modernen Städte Shanghai und Hong Kong sind nicht die einzigen an der Küste gelegenen Orte, die einen Besuch lohnen. Und obwohl dies eine der dichtest besiedelten und ausgebeutetsten Küstenlinien der Welt ist – 700 Millionen Menschen leben hier –, erstreckt sie sich 14 500 Kilometer vom kalten Norden bis zum tropischen Süden und bietet so eine Vielzahl unterschiedlichster Landschaften. In den wenigen Schilf-, Watt- und Sumpfzonen überwintern Millionen von Zugvögeln, darunter auch einige sehr seltene Arten.

Der gefährdete Schwarzstirnlöffler – Deep Bay ist für ihn einer von drei Orten zum Überwintern.

NATURWUNDER

Vögel – die Mai-Po-Sümpfe

Das Naturreservat der Mai-Po-Sümpfe wird vom WWF betreut und ist in Hongkong die Topadresse für Vogelbeobachter. Die Sümpfe (ursprünglich Fischteiche) und das flache Ästuar der Inner Deep Bay im Nordwesten Hongkongs werden als Feuchtgebiete von internationaler Bedeutung unter der Ramsar-Konvention gelistet. Dort überwintern von November bis März der orientalische Weißstorch, Saundersmöwen und Schwarzstirnlöffler. Im Frühjahr sind hier weniger Vögel, dafür aber Schmetterlinge und Libellen. Es gibt Hochsitze, Holzpfade, ge-

führte Touren, ein Arbeitszentrum sowie ein Museum. Von Sheung Shui oder Yuen Long aus mit dem Bus oder Taxi; übernachten kann man in den Schlafräumen des Peter-Scott-Zentrums für Feldstudien.

Botanischer Garten – Hongkong

Die Kadoorie-Farm mit ihren botanischen Gärten ist ein bedeutendes Naturschutz- und Ausbildungszentrum am Fuß des Kwun Yum Shan (der Berg der Göttin der Barmherzigkeit) in den zentralen New Territories Hongkongs. Mehr als 1000 einheimische Pflanzenarten sind hier zu sehen. Es gibt Naturlehrpfade, ein Amphibien- und ein Reptilienhaus, einen Schmetterlingsgarten und vieles

mehr. Nehmen Sie den KCR Zug zum Tai-Po-Markt oder Tai Wo und dann den 64K Bus nach Yuen Long. (die Endhaltestelle).

Der Chinesische Weiße Delfin

Man weiß wenig über den Chinesischen Weißen Delfin, aber er ist ganz sicher wegen des Verlusts an Lebensraum, der Verschmutzung, Überfischung und aufgrund des vor Hongkong zunehmenden Schiffsverkehrs bedroht. Am besten sehen kann man ihn bei einer Delfinbeobachtungstour in den Gewässern um Lantau. Man kann auch ein Boot chartern, aber muss dabei strikt beachten, dass man den Tieren nicht zu nahe kommt.

Makaken – Insel Hainan

Etwa 1000 Rhesusmakaken bevölkern das Makaken-Naturreservat auf der Nanwan-Halbinsel im Lingshui-Bezirk in der Nähe von Xincun. Die Fähre ab Xincun-Pier dauert 10 Minuten. Mit einem Taxi gelangt man zum Besucherzentrum. Es gibt auch eine Seilbahn zwischen Xincun und der Affeninsel. Die Affen im Besucherzentrum sind an Menschen gewöhnt; schließen Sie aber Nahrungsmittel in den Schließfächern ein, um die Affen nicht zu

Map labels:

Qiqihaer
Zhalong NR
HEILONGJIANG
Harbin

MONGOLEI

INNERE
MONGOLEI

Mandschurische Ebene

Liao
JILIN

Shenyang

Japa-
nisches
Meer

Shuangtai He
Shuangtai Hekou NR
NORD-
KOREA

GOBI

Hohhot
BEIJING
Gelber Fluss
(Huang He)
Liaodong
Bucht
Yinkou

HEBEI
Shedao
Insel
Dalian
SÜD-
KOREA

Bo Hai Golf
Shijiazhuang
Penglai
Yangtai
Weihai Flughafen
Chengshan

SHANXI
Shandong
Halbinsel
Rongcheng

Jinan
△ Tai Shan
Gelbes
Meer

Gelber Fluss
SHANDONG

△ Mt Jinping

Wei
Yancheng NR
Dafeng NR

SHAANXI
HENAN
Huai
JIANGSU

Nanjing
Chongming Insel

ANHUI
Qing Pu
Shanghai
Huangpu

Drei-Schluchten-
Staudamm
HUBEI
Hangzhou
Yanguan

Wuhan
Yangtse
(Chang Jiang)
Hangzhou Bucht
Qiantang
West Lake

Nanchang
Poyang
Hu
ZHEJIANG

Changsha
Wuyishan NR
Wuyigong
Ost-
chinesisches
Meer

HUNAN
JIANGXI
Fuzhou
Putian

GUIZHOU
Yongding
Xiamen
FUJIAN

GUANGXI
Li
GUANGDONG
Formosastraße
Taiwan

Nanning
Guangdong
Guangzhou

Pearl
Shenzhen
Yuen Long
Hong Kong
Lantau
Insel

VIETNAM
Mai-Po-Sümpfe-
Naturreservat
Dongsha
Inseln
Süd-
chinesisches
Meer

Golf von
Tonkin
Haikou

Hainan
Five Fingers Mt
Bawangling NR
ianfengling NR
Nanwan
Sanya National
Korallenriff NR
Yalong Bucht

PHILIPPINEN

0 150 300 Kilometer
0 150 300 Meilen

reizen. Die Showeinlagen von dressierten Affen stimmen eher traurig. Zu Fuß im Reservat bekommen Sie einen guten Eindruck von den wildlebenden Tieren. Günstige Zeiten sind morgens und abends; während der Paarungszeit (Februar bis Mai) sind die Affen besonders aktiv.

Davidshirsch

Eines der besten Reservate ist das Dafeng-Naturreservat, ein südöstlich von Dafeng an der Küste des Gelben Meers (Provinz Jiangsu) gelegenes Ramsar-Feuchtgebiet von internationaler Bedeutung. Dort soll es die größte Davidshirsch-Population der Welt geben. Fliegen Sie nach Nanjing, von dort 125 Kilometer Fahrt nach Dafeng. Kommen Sie im Juni und Juli zur Brunstzeit.

Mandschurenkranich

Diesen berühmten chinesischen Vogel beobachtet man am besten im Yancheng-Naturreservat – ein weiteres Ramsar-Feuchtgebiet – am Rand des Gelben Meers. Das Reservat umfasst weitläufiges Grasland, Krabbenteiche, Salzpfannen und kommerziell genutzte Schilfareale. Ein Drittel der 2000 Mandschurenkraniche weltweit und 10 Prozent der Schwarzstirnlöffler überwintern hier. Sie benötigen ein Fernglas, die Vögel sind sehr menschenscheu. 10 Autominuten vom Reservat entfernt gibt es ein Hotel, ebenso 40 Kilometer vom Flughafen entfernt in Yancheng. Wenn Sie die Brutstätten der Mandschuren-

Mandschurenkranich in Zhalong.

kraniche sehen möchten, dann be-
suchen Sie das Zhalong-Natur-
reservat – auch das ein Ramsar-
Feuchtgebiet – 30 Kilometer von
Qiqihaer entfernt in der Provinz
Heilongjiang. Das Reservat ist
Brutstätte des Mandschuren-
kranichs und des Weißnacken-
kranichs. Die Mandschurenkraniche
kommen im April und verlassen das
Reservat wieder im September/Okt-
ober. Starke Ferngläser sind nötig.
Besuchen Sie das Reservat im
Frühjahr, ehe das Schilf zu hoch
gewachsen ist. Vielleicht erleben
Sie einen der magischen Balztänze.
Wenn Sie in Qiqihaer übernachten,
sind Sie in einer Stunde mit dem
Bus im Reservat.

Singschwäne

Singschwäne aus der Nähe
beobachten können Sie bei
Rongcheng in der Provinz
Shandong. Über 2000 Schwäne
kommen jedes Jahr Anfang
November aus der autonomen
Region Xinjiang Uygur und aus
Sibirien, um bis Ende März in den
vier Buchten zu überwintern, die
zusammen als Roncheng-Schwa-
nensee bezeichnet werden. Die
Einheimischen füttern sie, und
deshalb kann man ihnen sehr nahe
kommen. Der See ist etwa 28 Kilometer vom Flughafen Weihai entfernt; die nächste Stadt ist Chengshan. In den Buchten gibt es viele
Seetangfarmen, und im Dorf Xukou
(15 Autominuten vom See entfernt)
findet man noch traditionelle
Häuser mit Seegrasdächern.

LANDSCHAFTSWUNDER

Qiantang Jian Gezeitenwelle

Wenn Sie die größte Gezeitenwelle der Welt sehen wollen, eine
Wasserwand, die bis zu neun Meter hoch ist und von der Hangzhou-Bucht aus den Qiantang-
Fluss hinaufdonnert, dann fahren
Sie nach Yanguan, eine kleine, 38
Kilometer nordöstlich von Hangzhou gelegene Stadt. Es gibt sogar
ein Festival wegen dieser Welle am
18. Tag des achten Mondmonats
(September/Oktober), dessen
Besuch sich lohnt. Sie können mit
dem Bus von Hangzhou aus hin-
fahren. Wasserdichte Kleidung ist
ratsam.

Westsee (Xi Hu), Hangzhou

Die Landschaft um diesen Süßwassersee mitten in Hangzhou in
der Provinz Zhejiang ähnelt einem
überdimensionalen, traditionellen
chinesischen Landschaftsgarten.

Der Bund – Shanghai

Der Bund (Zhongshan Dong Lu) ist
die berühmteste Straße in
Shanghai und eine der weltweit
bekanntesten Stadtansichten. Der
Name beruht auf einem anglo-
indianischen Begriff für eine trübe

Auf der Suche nach Herzmuscheln in einer der Buchten des Schwanensees.

Der Bund, Shanghais berühmte Straße.

Wasserfront, aber bei den Einheimischen heißt sie »Wai Ta« (Außenstrand). Es ist die Wall Street von Shanghai, mit führenden Bank- und Handelshäusern, Niederlassungen internationaler Firmen und Hotels. Die Mischung aus Renaissance und moderner Architektur erinnert an Downtown New York. Spazieren Sie nachts den beleuchteten Bund entlang oder machen Sie eine Bootstour auf dem Huangpu, bei der Sie auch Pudong Xinqu (das »neue Areal«) mit seinem berühmten Fernsehturm sehen.

Shuangtai Hekou Naturreservat

Im Ästuar des Liao in der nordöstlichen Provinz Liaoning gibt es die größten schilfbedeckten Flächen ganz Chinas, die als Shuangtai-Hekou-Naturreservat

unter Schutz stehen, aber auch als Ramsar-Feuchtgebiet anerkannt sind. Es liegt an der ostasiatischen Route der Küstenvögel und dient mehr als 400 hochbedrohten Sibirischen Kranichen als Zwischenstopp auf ihrem Weg in den Süden. Es ist das größte Brutareal der Saundersmöwen und die südlichste Brutzone des Mandschurenkranichs.

Wuyi-Shan-Naturrreservat

Diese UNESCO-Welterbestätte liegt im fernen Nordosten von Fujian in der Nähe der Grenze zu Jiangxi. Mit seinen subtropischen Wäldern, Wasserfällen, schroffen Sandsteingipfeln und gewundenen Flusstälern ist das Gebiet ideal für ein paar Tage Entspannung. Die landschaftlich reizvolle Gegend ist vom Fluss Jiuqu (»Neun Kurven«) geprägt, der sich durch die Berge schlängelt.

Die beiden besten Wanderrrouten führen auf den Großen König (Great King Peak) und den Himmlischen Gipfel (Heavenly Tour Peak). Man kann auch auf dem Jiuqu raften und die Landschaft genießen.

Rund 5000 Tierarten hat man in den Wäldern des Mt. Wuyi dokumentiert, darunter so bedrohte Arten wie das Cabot-Satyrhuhn, den chinesischen Schwarzrückenfasan und den chinesischen Riesensalamander. Es war auch einer der letzten Jagdgründe des südchinesischen Tigers.

44 Pflanzenarten gibt es nur hier. Anfahrt: mit Bus, Zug oder Flugzeug von Fuzhou aus (oder mit dem Flugzeug von Xiamen und anderen Städten). Ein Kleinbus bringt Sie zum Wuyigong-Areal. Hochsaison ist im Sommer, dann ist es voller Touristen aus Taiwan.

Chinesische Touristen auf dem Mt. Wuyi blicken in die Schlucht des Jiuqu-Flusses.

Einer der vielen Strände der Tropeninsel Hainan. Die meisten werden inzwischen von den Touristen in Beschlag genommen.

Insel Hainan

Hainan ist die tropische Touristeninsel für die Chinesen. Fahren Sie nach Sanya, um die Sonnenstrände der Yalong-Bucht, von Dadong-hai, der Halbinsel Luhuitou und von Tianya Haijiao zu genießen. Im südwestlich gelegenen Hochland gibt es in ein paar Naturreservaten noch Wildtiere. In den üppigen Bergregenwäldern des Jianfeng-ling-Naturreservats, 115 Kilometer von Sanya entfernt, stößt man auf eine reiche Flora, darunter viele Orchideen, und auf Vögel wie den Hainan-Blauschnäpper. Das Bawangling-Naturreservat ist die Heimat der letzten Schwarznackengibbons. Im Zentrum, in der Nähe von Tongzha, befindet sich der

Fünffingerberg (Wuzhi Shan), Ziel einer anspruchsvolle Bergtour. Das Nationale Sanya-Korallenriff-Naturreservat im Süden bietet Tauchgänge ins Riff (oder was davon noch übrig ist). Seien Sie gewarnt: Die Insel ist voller Touristen. Meiden Sie Juni bis Oktober – die Regenzeit.

KULTURWUNDER

Fischerlampen-Festival

Die Fischer des Dorfes Penglai, etwa 65 Kilometer nordwestlich von Yangtai in der Provinz Shandong, begehen dieses Fest jeweils am 16. Tag des ersten Monats des Mondkalenders (Februar oder März), in der Hoffnung auf gute Fangergebnisse

und eine sichere See. Die Fischer und Dorfbewohner ziehen Fische und Schweine auf rote Bogen auf und bringen sie zu den Booten, um sie dann als Opfer ins Meer zu werfen, Hunderte von Feuerwerkskörpern werden dazu gezündet. Vom mehr als 1000 Jahre alten Penglai-Pavillon hat man einen guten Blick aufs Meer und die Boote.

Tai Shan

Dieser Berg in der Provinz Shandong gilt als der heiligste in ganz China und ist vermutlich der meistbestiegene Berg der Welt. Er ist der wichtigste der fünf Taoistischen Gipfel Chinas, fast eine Gottheit, und Anziehungspunkt für taoistische Mönche und zahllose chinesische Touristen. Am Weg gibt es zahlreiche Pavillons und Tempel, doch erwarten Sie dort laute Straßenhändler, aber keine Ruhe. Tai Shan ist 1545 Meter hoch, und es sind etwa 8 Kilometer von der Basis bis zum Gipfel. Die 6660 Stufen können anstrengend sein. Viele halten es der Mühe wert. Der Aufstieg dauert 3 bis 4 Stunden, abwärts geht es in 3 Stunden. Sie können entweder den ganzen Weg über die Ost- oder Westroute laufen oder einen Bus nehmen bis nach Zhongtiamen, wo sich die beiden Pfade treffen, und den Rest zu Fuß gehen oder sich mit der Seilbahn auf den Berg tragen lassen. Eine Übernachtungsmöglichkeit gibt es am Midway-Himmelstor auf dem Gipfel. Das Wetter ist sehr wechselhaft, warme und wasserdichte Kleidung und eine Taschenlampe sind empfehlenswert. Frühling und Herbst sind die besten Zeiten. Das Tor zum Berg bildet die Stadt Tian, Jinan hat den nächsten Flughafen.

Mazu (Meeresgöttin) Festival

Über Generationen glaubten die Fischer der südöstlichen Küstenregionen Chinas, dass die Meeresgöttin Mazu ihnen Sicherheit und Wohlstand verschaffe. Die Jahrestage ihrer Geburt (der 23. Tag des dritten Mondmonats – im April) und ihres Todes (9. Tag des neunten Mondmonats, etwa im Oktober) wird an den Mazu-Tempeln in ganz

Die 6660 Stufen zum Tai Shan.

Südchina und Taiwan gefeiert. Tausende Pilger ehren sie auf der Insel Meizhou in Putian (Provinz Fujian), wo auch Shaolin-Mönche ihre Kunst zeigen.

Hakka-Rundhäuser

Diese von den Hakka in der Jin Dynastie (265-314 n.Chr.) erbauten runden »tulou« (Erdgebäude) in der Provinz Fujian gleichen Festungen, in denen Hunderte von Menschen Platz finden. Einige werden noch bewohnt, andere für die Touristen erhalten. Besuchen Sie Zhencheng Lou, in einem kleinen Dorf 5 Kilometer nördlich von Hukeng – etwa eine Stunde mit dem Bus von Yongding im Südwesten von Fujian.

Das Innere eines Hakka Rundhauses mit Blick über die Dächer des Tempels.

Weiterführende Literatur

Bonavia, J. und Hayman, R., *Yangzi: The Yangtze River & the Three Gorges* (Odyssey Illustrated Guide, 2004).

Bolch, O., Fülling, O.: *China. Der Drache erwacht.* (C.J. Bucher Verlag, 2008)

Buckley Ebrey, P., *The Cambridge Illustrated History of China* (Cambridge University Press, 1996).

Chapman, G. und Wang, Y., *The Plant Life of China: Diversity and distribution* (Springer-Verlag Berlin and Heidelberg GmbH & Co, 2002).

Dressler, F., Müller, K. U., Erling, J., *China* (C.J. Bucher Verlag, 2005)

Grigsby, R., *China by Bike: Taiwan, Hong Kong, China's East Coast* (Mountaineers Books, 1994).

Harper, D., *Bejing.* (Lonely Planet Verlag, 2008).

Harris, R. B., *Wildlife Conservation in China: Preserving the habitat of China's Wild West* (East Gate Books, 2007).

Laidler, L. und K., *China's Threatened Wildlife* (Blandford, 1996).

Leader, P., Carey, G. und Round, P., *A Field Guide to the Birds of China, Tibet and Taiwan* (Christopher Helm, 2008).

Lei Fumin und Lu Taichun, *China – Endemic Birds* (Science Press, 2006); available from NHBS Environment Bookstore.

Lonely Planet Reiseführer China (Lonely Planet Verlag, 2007).

Ma Jian, *Red Dust: A path through China* (Anchor Books, 2002).

MacKinnon, J. und Hicks, N., *Fotoguide der Vogelwelt in China einschließlich Hong Kong* (VVB Laufsweiler Verlag, 2005)

Moser, A., *Die Seele Chinas.* (Bruckmann Verlag, 2003).

Müller, K. U., *Die schönsten Reise-Routen in China.* (Bruckmann Verlag, 2007).

Shapiro, J., *Mao's War Against Nature: Politics and the environment in revolutionary China* (Cambridge University Press, 2001).

Sheng Helin, Noriyuki Ohtaishi and Lu Houji, *Mammals of China* (China Forestry Publishing House, 1999); available from NHBS Environment Bookstore.

Wilkinson, Ph., *Jangtse - Die Lebensader Chinas* (C.J. Bucher Verlag, 2005).

Wu Yipin, *Lifestyles of China's Ethnic Minorities* (Peace Book Company, Hong Kong, 1991).

KAPITEL 1

Catton, C., *Pandas* (Christopher Helm, 1990).

Clayre, A., *The Heart of the Dragon* (Collins/Harvill, 1984).

Lu Zhi und Schaller, G. B., *Giant Pandas in the Wild: Saving an endangered species* (Aperture, 2002).

Lindburg, D. und Baragona, K. (editors) *Giant Pandas: Biology and conservation* (University of California Press, 2004).

Schaller, G. B., *The Last Panda* (University of Chicago Press, 1994).

KAPITEL 2

Bonavia, J. (revised by C Baumer), *The Silk Road: Xi'an to Kashgar* (Odyssey Publications, 2004).

Coggins, C.., *The Tiger and the Pangolin: Nature, culture and conservation in China* (University of Hawaii Press, 2002).

Richter, C., *Die Seidenstraße. Mythos und Gegenwart* (Piper 2004).

Thubron, C., *Shadow of the Silk Road* (HarperCollins, 2007).

Xuncheng Xia, *Wondrous Taklimakan: Integrated scientific investigation of the Taklimakan Desert* (Science Press, Beijing, 1993).

KAPITEL 3

Buckley, M., *Bradt Travel Guide: Tibet* (Bradt, 2007).

Liu Wulin, *An Instant Guide to Rare Wildlife of Tibet* (China Forestry Publishing House, 1994); available from NHBS Environment Bookstore.

Mayhew, B. und Kohn, M., *Lonely Planet Country Guide: Tibet* (Lonely Planet Publications, 2005).

Schaller, G. B., *Tibet's hidden wilderness: Wildlife and Nomads of the Chang Tang Reserve* (Abrams, 1997).

KAPITEL 4

Bonavia, J and Hayman, R, *Yangzi: The Yangtze River & the Three Gorges* (Odyssey Illustrated Guide, 2004).

Booz, P R, *Yunnan: Southwest China's little-known land of eternal spring* (Verulam Publishing, 1987).

Chen Li and Zhang Jiangling, *Xishuangbanna: A nature reserve of China* (University of British Columbia Press, 1992).

Elvin, M, *Retreat of the Elephants: An environmental history of China* (Yale University Press, 2006).

Goodman, J, *Joseph F Rock and His Shangri-La* (Caravan Press, 2006).

Guan Kaiyun and Zhou Zhekun (editors), *Highland Flowers of Yunnan* (Science Press, 1998); available from NHBS Environment Bookstore.

Stotz, D F et al., *China: Yunnan, southern Gaoligongshan* (Chicago Field Museum of Natural History, 2003).

Unger, A.H. und W., *Yunnan, Chinas schönste Provinz* (Hirmer, 2001).

Wildlife of Yunnan in China (Chinese Academy of Sciences and Kunming Institute of Zoology, China Forestry Publishing House, 1999); available from NHBS Environment Bookstore.

Xie Jiru, *Bamboo Resources and Development Research of Yunnan* (China Forestry Publishing House, 1995); available from NHBS Environment Bookstore.

Xu Youkai und Liu Hongmao (editors), *Tropical Wild Vegetables in Yunnan* (China Science Press, 2002); available from NHBS Environment Bookstore.

http://drjosephrock.blogspot.com – In the Footsteps of Joseph Rock.

KAPITEL 5

Chuxing, H. und Hong, L et al., *South China Karst 1* (Pensoft, 1998).

Viney, C., Phillips, K. und Lam Chiu Ying, *The Birds of Hong Kong and South China* (Hong Kong Government Information Service, 2005).

Woodward, T., *Birding South-East China*; available from NHBS Environment Bookstore.

KAPITEL 6

Robson, C., *Birds of South-East Asia* (New Holland Publishers Ltd, 2005).

Sadovy, Y .and Cornish, A., *Reef Fishes of Hong Kong* (University of Washington Press, 2000).

Wood, R. E. und Michael, A. W., *Reef Fishes, Corals and Invertebrates of the South China Sea* (New Holland Publishers, 2002).

Woodward, T, *Birding South-East China*; available from NHBS Environment Bookstore.

Viney, C., Phillips, K. und Lam Chiu Ying, *The Birds of Hong Kong and South China* (Hong Kong Government Information Service, 2005).

Danksagungen

Dieses Buch und die Fernsehserie, die es begleitet, sind eng miteinander verknüpft. Bei den Recherchen für die Serie wurden viele der Informationen für diese Buch gesammelt, und während der Arbeit an dem Buch gewannen wir neue Einsichten, die auf die TV-Serie zurückwirkten. Unser Dank gilt hier all denen, die zum Gelingen von *Wildes China* beigetragen haben.

Zuerst danken wird den Bemühungen des Produktionsteams in Bristol und Beijing, die dieses Unterfangen überhaupt erst möglich gemacht haben: BBC Natural History Unit unter der Leitung von Neil Nightingale, der die Beziehung knüpfte, sodass dieses Projekt überhaupt zustande kam; dem leitenden Produzenten Brian Leith, der dafür gesorgt hat, dass in der Serie Geschichten über die Menschen und ihre Kultur einen breiteren Raum einnahmen; dem Team in Bristol von Pauline Gates, Liz Toogood, Di Williams, Bridget Jeffery, Louise Davies, Becca Coombs, Alison Pilling und Claire Evans, and Poppy Toland, die sich um die praktischen und finanziellen Dinge kümmerte und uns bei den Recherchen und der Übersetzung unterstützte. Wir danken auch unseren Partnern und Familien, die ertragen mussten, dass wir während der Produktion nur wenig zu Hause sein konnten.

Viele der Minoritäten, darunter die Hezhe, Ewenki, Mongolen, Kasachen, Miao, Hani, Tibeter, Hui'an, Hakka and Dai, ließen sich bereitwillig filmen und gaben uns Einblicke in ihre Welt. Wir hatten stets das Gefühl, willkommen zu sein, wie auch bei den Han-Gemeinschaften. Wir bedanken uns für ihre Toleranz, Geduld und Gastfreundschaft.

Wir danken auch den zahlreichen Wissenschaftlern und Umweltschützern in China und anderswo, die mit uns ihr Wissen teilten, darunter insbesondere: Prof. Zhang Shuyi, Prof. Ablimit Abdukadir und Prof. Pan Wenshi von den Chinesischen Akademie der Wissenschften; Prof. Zhu De-Hao von Chinesischen Akademie der geologischen Wissenschaften; Prof. Hu Defu von der Universität für Waldwirtschaft in Beijing; Prof. Lu Zhi und Liu Yanlin von der Beijing Universität; Prof. Baoguo Li von Northwestern Universität; Prof. Liang Congjie von den Freunden der Natur, China; Sun Shan von der Conservation International China; Prof. Xiong Kangning und Ren Xiaodong von der Guizhou Universität; Prof. Wu Xiaobing von der Anhui Universität; Qi Yun von der Yunnan Universität; Jason Lees und das Team von Haiwei Trails; Dr. Andreas Wilkes vom Berginstitut; Josef und Minguo Margraf vom Tianzi Zentrum; Dr. Yin Shaotin; Dr. Li Bo vom Zentrum für Biodiversität und überliefertes Wissen in Qi Yun; Long Yong Chen vom Nature Conservancy; Dr. Pete Winn; John Corder; Dr. Craig Fitzpatrick von TRAFFIC East Asia; Prof. Ding Yuhua am Dafeng Hirschreservat; Liu Wulin vom Tibet Waldforschungsinstitut; Ciren Yangzong von der Universität Tibet; Dega vom Tibet TV; Rich Harris von der Universität von Montana; Baozhong Lu von der Haubenibis-Station in Shaanxi; Dr. Rao Dingqi vom Zoologischen Institut in Kunming; Nina Jablonski vom Fachbereich Anthropologie der kalifornischen Academy of Sciences; Dr. Bill Bleisch von Fauna und Flora International; Dr. Roger Luo von IFAW Asian Elephant Conservation; Dr. Philip McGowan, Direktor der Welt-Fasanen-Vereinigung; Mr Jin und Team im Dontang-Naturreservat; Mr Bena Smith und Dr. Lew Young vom Mai-Po-Naturreservat; das Team der Yanchen, Zhalong, Bawangling, Caohai, Mayanghe and Changqing Naturreservate; Alison Foot; Libiao Zhang; Fan Peng Fei; Cyril Grueter; Prof. Zhang Zhengwang; Mrs Yi Ran; Mr und Mrs Qu; Dr. Yvonne Sadovy; und Dr. Lindsay Porter.

Wir danken Shirley Patton für ihr Vertrauen in die Serie und den Auftrag für dieses Buch; und Bobby Birchall für seine einfühlsame Gestaltung. Schließlich danken wir unserer Redakteurin Rosamund Kidman Cox, deren Geduld und Können es zu verdanken ist, dass aus unseren zusammengewürfelten Beiträgen ein richtiges Buch geworden ist.

Bildnachweis

1 Art Wolfe/www.artwolfe.com; 2–3 Xi Zhinong/Wild China Film; 6–7 Xi Zhinong/Wild China Film; 8 Mark Carwardine; 9 Xi Zhinong/Wild China Film; 11 Brian McDairmant; 12 Xi Zhinong/Wild China Film; 13 Sinopictures/Phototime/Still Pictures; 14–15 David Noton; 16 Pete Oxford; 17 Zhang Xiaoli/epa/Corbis; 20 Cyril Ruoso/JH Editorial/Minden Pictures/FLPA; 21 Axel Gebauer; 23 Dennis Cox/ChinaStock; 24 Gavin Maxwell; 25 Gavin Maxwell; 26 Xi Zhinong/Wild China Film; 27 Xi Zhinong/Wild China Film; 28–9 Gavin Maxwell; 30 Xi Zhinong/Wild China Film; 31 Xi Zhinong/Wild China Film; 32 Pete Oxford; 33 Pete Oxford; 35–6 Dennis Cox/ChinaStock; 37 Getty Images; 38 Brian McDairmant; 39 Brian McDairmant; 40–1 Liu Liqun/ChinaStock; 42 AFP/Getty Images; 43 Gavin Maxwell; 44 Brian McDairmant; 45 Gavin Maxwell; 46–7 Ric Ergenbright/Corbis; 48 George Steinmetz/Corbis; 51 George Chan; 52 Xi Zhinong/naturepl.com; 53 Brian McDairmant; 54–5 George Chan; 56–7 George Chan; 58 George Chan; 59 Bettmann/Corbis; 60–1 Henry M. Mix/Nature Conservation International; 62 George Steinmetz/Science Photo Library; 65 George Steinmetz/Corbis; 67 Brian McDairmant; 68 Lawrence Lawry/Science Photo Library; 69 Eric Dragesco; 70–1 George Steinmetz/Science Photo Library; 72 Henry M. Mix/Nature Conservation International; 74 George Chan; 75 (oben) Pierre Colombel/Corbis; (unten) Mick Roessler/ Corbis; 77 Brian McDairmant; 78–9 George Chan; 80–1 George Chan; 82 Xi Zhinong/Wild China Film; 83 Brian McDairmant; 84–5 Xi Zhinong/Wild China Film; 86 Brian McDairmant; 88 Xi Zhinong/Wild China Film; 89 Eric Dragesco; 90–1 Xi Zhinong/Wild China Film; 92 Xi Zhinong/Wild China Film; 93 Brian McDairmant; 94 Brian McDairmant; 95 Brian McDairmant; 96 Xi Zhinong/Wild China Film; 97 Alain Dragesco-Joffé;

98-9 Xi Zhinong/Wild China Film; 101 Xi Zhinong/Wild China Film; 102 Eric Dragesco; 103 Raghu S Chundawat; 105 Gavin Maxwell; 106 Gavin Maxwell; 107 Gavin Maxwell; 108 Zhang Yifei/Wild China Film; 109 Gavin Maxwell; 110–1 Dennis Cox/ ChinaStock; 112 (oben) Dan Winkler; (unten) Gavin Maxwell; 113 Brian McDairmant; 114 Brian McDairmant; 115 Brian McDairmant; 117 Gavin Maxwell; 118 Westermann/images.de/Still Pictures; 120 Terry Whittaker/FLPA; 121 Xu Jian/naturepl.com; 122 Xi Zhinong/Wild China Film; 123 Xi Zhinong/Wild China Film; 124 Kathryn Jeffs; 125 Mark Moffett/Minden Pictures/FLPA; 126 Dr Jospeh Rock/National Geographic Image Collection; 127 Pete Oxford; 128–9 Kathryn Jeffs; 130 Pete Oxford; 131 Axel Gebauer; 132 Xi Zhinong/Wild China Film; 133 Axel Gebauer; 134 Wild China/BBC; 135 Jenny E. Ross/www.jennyross.com; 136 Nikolai Orlov; 137 Kevin Flay; 139 Bjorn Svensson/Science Photo Library; 140–1 Pete Oxford; 142 Josef Margraf, TianZi Biodiversity Research & Development Centre, China; 143 Gavin Newman; 144 Pete Oxford/naturepl.com; 145 Xi Zhinong/Wild China Film; 147 Xi Zhinong/Wild China Film; 148 Dennis Cox/ChinaStock; 151 Art Wolfe/www.artwolfe.com; 152 Gavin Newman; 153 Phil Chapman; 154 Tony Baker; 155 Andy Eavis; 156 Shuyi Zhang; 157 Pete Oxford (oben); (bottom) Axel Gebauer; 158 (oben & unten) Phil Chapman; 160 Xi Zhinong/Wild China Film; 161 Roland Seitre/www.seitre.com; 162 Phil Chapman; 163 Charlotte Scott; 164–5 Pete Oxford; 166 Phil Chapman; 167 Charlotte Scott; 168 Daniel Heuclin/NHPA; 170 Igor Shpilenok/naturepl.com; 171 Dr Myrna Watanabe/Still Pictures; 172–3 Zhang Yifei/Wild China Film; 174 Phil Chapman; 175 Frank Lukasseck/Corbis; 176 Xi Zhinong/Wild China Film; 178 Cyril Ruoso/JH Editorial/Minden Pictures/FLPA; 179 Bill Love/NHPA;

180 Sinopictures/Phototime/Still Pictures; 182 & 183 Henry M. Mix/Nature Conservation International; 184 (oben) George Steinmetz/Corbis; 185 DAJ/Getty Images; 186 Getty Images; 187–191 Charlotte Scott; 192 Getty Images; 193 Charlotte Scott; 194 Bjorn Svensson/ Science Photo Library; 195–7 Charlotte Scott; 198 Jurgen Freund/naturepl.com; 199 Dennis Cox/ChinaStock; 200 Xi Zhinong/ Wild China Film; 202 Yu Qiu-UNEP/Still Pictures; 203 Charlotte Scott; 204 Lindsay J Porter– UNEP/Still Pictures; 205–7 Charlotte Scott; 209 Dennis Cox/ ChinaStock; 210 Pete Oxford; 211 Axel Gebauer; 213 Gavin Maxwell; 214 (oben) Jason Hosking/zefa/Corbis; (unten) Liu Liqun/ ChinaStock; 215 Pete Oxford; 216 (von oben bis unten) Gertrud & Helmut Denzau; 217 (oben) Axel Gebauer; (unten) George Chan; 218 Xi Zhinong/Wild China Film; 219 George Shan; 220 Chloe Johnson/ Eye Ubiquitous/Corbis; 221 Brian McDairmant; 222 George Chan; 223 (oben) Bruno Morandi/ Getty Images; (unten) George Chan; 224 Eric Dragesco; 226 (oben) Xi Zhinong/Wild China Film; (unten) Michele Falzone/JAI/ Corbis; 227 Giles Badger; 228 Giles Badger; 229 Gavin Maxwell; 203 Xu Jian/naturepl.com; Axel Gebauer; 232 (oben) Xi Zhinong/Wild China Film; (unten) Axel Gebauer; 233 (oben) Xi Zhinong/Wild China Film; (unten) Pete Oxford/naturepl.com; 234 Phil Chapman; 235 Keren Su/Corbis; 236 (oben) Henry M Mix/Nature Conservation International; (unten) Jianan Yu/Reuters/Corbis; 238 (oben) Pete Oxford/naturepl.com; (unten) Phil Chapman; 239 Phil Chapman; 240 (oben) Dennis Cox/ChinaStock; (unten) Xi Zhinong/Wild China Film; 241 Keren Su/Corbis; 242 John Holmes/FLPA; 244 (oben & unten) Charlotte Scott; 245 (oben) Pete Oxford; (unten) Liu Liqun/Corbis; 246 Sinopictures/Readfoto/Chen Zhenh/Still Pictures; 247 (oben) Charlotte Scott; (unten) Martin Gray/National Geographic Image Collection; 256 Cristina Mittermeier.

Register

Register

IMPRESSUM

Erstveröffentlichung
Copyright © 2008 by BBC Books, an imprint of
Ebury Publishing.
A Random House Group Company
Die englische Originalausgabe erschien als
Begleitbuch der BBC-Fernsehserie »Wild
China«, erstausgestrahlt auf BBC2 in 2008.

Copyright © Giles Badger, Hannah Boot,
George Chan, Phil Chapman, Kathryn Jeffs,
Gavin Maxwell and Charlotte Scott, 2008
Photographs © the photographers

Mixed Sources
Product group from well-managed
forests and other controlled sources
www.fsc.org Cert no. SGS-COC-1722
© 1996 Forest Stewardship Council

Deutsche Lizenzausgabe: Bruckmann Verlag
GmbH, München, 2008

Die deutsche Lizenzausgabe erscheint als
Begleitbuch der ARD/WDR-Fernsehdokumen-
tarreihe »Wildes China«, ausgestrahlt in 2008.

Übersetzung ins Deutsche:
medienpartner.münchen, Dr. Reinhard Pietsch
Redaktion: medienpartner.münchen,
Dr. Reinhard Pietsch
Produktmanagement und Schlussredaktion der
deutschen Ausgabe: Dr. Birgit Kneip
Herstellung: Bettina Schippel
Repro: GRB Editrice, London
Druck by Butler & Tanner, Frome, England.

Unser komplettes Programm:
www.bruckmann.de

Die Deutsche Nationalbibliothek –
CIP-Einheitsaufnahme
Ein Titeldatensatz für diese Publikation ist
bei der Deutschen Nationalbibliothek
erhältlich.

Copyright © 2008 Bruckmann Verlag GmbH,
München
Alle Rechte vorbehalten.

ISBN 978-3-7654-5017-4